心灵对话
照见真实的自己

黄国庆 著

华龄出版社

图书在版编目（CIP）数据

心灵对话：照见真实的自己 / 黄国庆著 . -- 北京：华龄出版社，2023.11
ISBN 978-7-5169-2655-0

Ⅰ.①心… Ⅱ.①黄… Ⅲ.①心理咨询 Ⅳ.①B849.1

中国国家版本馆 CIP 数据核字（2023）第 246194 号

责任编辑	李梦娇		
责任印制	李未圻	装帧设计	华彩瑞视

书　　名	心灵对话——照见真实的自己	作　者	黄国庆
出　　版	华龄出版社 HUALING PRESS		
发　　行			
社　　址	北京市东城区安定门外大街甲57号	邮　编	100011
发　　行	（010）58122255	传　真	（010）84049572
承　　印	海森印刷（天津）有限公司		
版　　次	2024年1月第1版	印　次	2024年1月第1次印刷
规　　格	880mm×1230mm	开　本	1/32
印　　张	9	字　数	145千字
书　　号	ISBN 978-7-5169-2655-0		
定　　价	58.00元		

版权所有　侵权必究

本书如有破损、缺页、装订错误，请与本社联系调换每一篇都像是一面镜子，也许会照见你。照着镜子，疗愈就开始了。

江山易改,本性難移,覺之種難,改天換地

黃國慶 亞書

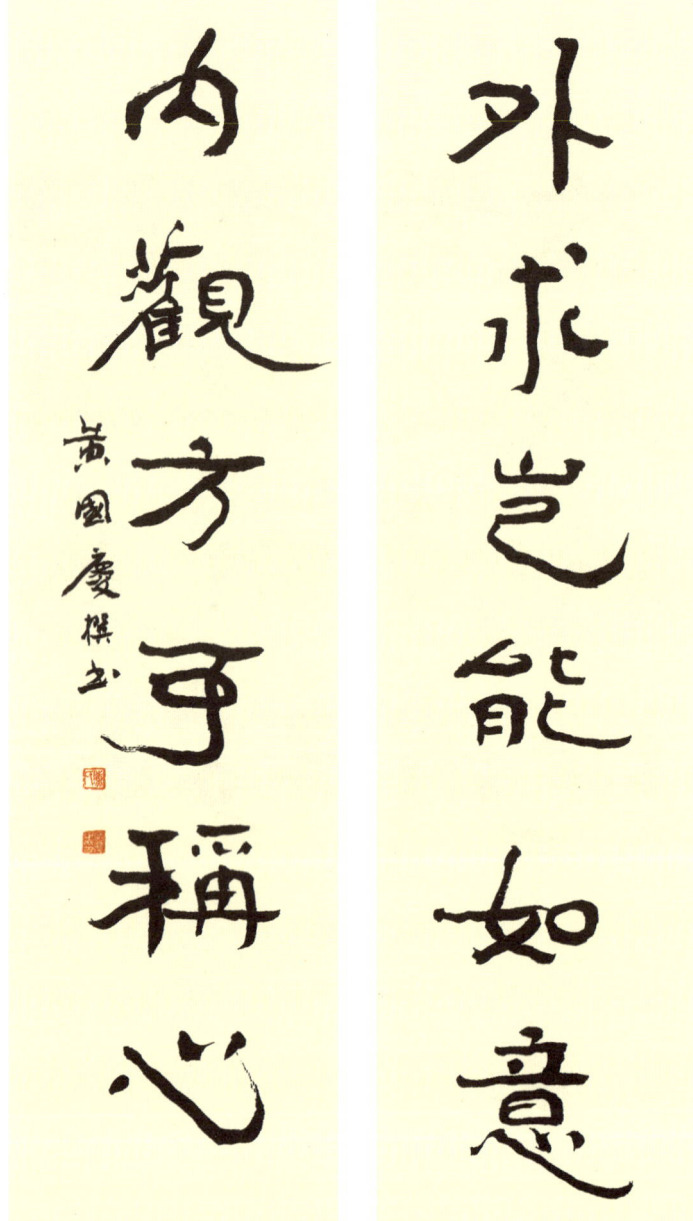

外求岂能如意
内观方于称心

前　言

父亲住院已经三个多月。父亲患的是非常罕见的肾结石，结石多到占满了两个肾。即便是权威教授，也望石兴叹，无可奈何。

在我的记忆中，父亲有半辈子都在与结石斗争。碎石、化石、手术，现有的办法全用过了。最后，结石还是占领了整个肾。

父亲被结石折磨的痛苦情形历历在目。但他总是忍着痛，幽默地说："也好，咱家做房子再不需要买石头了！"

我很钦佩父亲的乐观。但从来没有问过，也没有想过，他为什么那么容易长结石？

也许是厌倦了医院的治疗，也许是预感到了什么，父亲不再乐观。我守护着他，也不知道还有什么语言可以让他重新燃起希望。

那天晚上，父亲有些烦躁。我便问他有什么过不去的坎，说出来。他说："没有什么。"

父亲的眼神告诉我，他在逃避。

我带领他深深地吸气，缓缓地吐气，他很快进入到自己的内在。我再次引导他说出心中的话。他说："没有别的。就是你读中学的那年，我去找你当校长的叔叔，让他把你分配到一个好的班级，却被拒绝了。觉得受歧视了，忘不掉。"

我哈哈一笑,说:"拒绝了是好事啊!我不是更加努力了,更加发奋了吗?我非常感谢那段经历啊!"

父亲有些释怀地点点头。但他的表情告诉我,还有更深的卡点隐藏着。

我让他看着我,父子四目相对,他已无路可逃。良久,深藏在心底,憋了半辈子的情绪像决堤的洪水倾泄而出。他像个受尽委屈的孩子,嚎啕大哭起来:"其他什么的,都难不倒我。我就是迈不出你妈妈这道坎啊!"

我能读懂他,没有劝阻他。而是陪着他任由这一情绪倾泄,释放,穿越,转化。

妈妈非常强势,强势到他除了忍,还是忍。此刻我才真正明白著名心灵科学家露易丝·海的一句话:"肾结石,积攒未解决的愤怒。"父亲积攒了无数的愤怒,幻化成了一颗颗结石,冥顽不化。

疾病只是一种信号,传递着某种情绪或创伤,只是我们不懂,苦苦地承受着,直到醒来。

那一晚,父亲睡得特别香,似乎病愈了一般。第三天,父亲平静地进入手术室,再也没有醒来。

父亲去世后,我没有悲伤。因为他在生前有一个完美的告别,得以无挂无碍地远行。每当想起,父亲呈现给我的总是满脸笑意,充满慈祥的样子。我写了一副挽联纪念他:

世间无疾菩提渡
天堂有笑慈父传

陪伴父亲的日子，我深深地意识到心灵沟通的意义。它不仅仅能洞察到疾病背后的真相，和谐幸福的关系，还有对生命觉醒的了悟。

我希望将自己的成果以灵活的方式传递给更多的人，于是便有了这本《心灵对话——照见真实的自己》。

本书没有立足于枯燥无味的理论阐述，也没有教条式地告诉您应该怎么样或不应该怎么样。而是在我众多个案中精选出有代表性的案例，以对话的形式展现心灵觉醒的过程。

您可以从多个角度，汲取其中的营养。

您可以把它当小说读。小说是大脑思考的产物，其故事情节多局限于事物的表象。但如果深入到潜意识里，事物的发展哪是想当然的推理那般。本书的每一篇都是独立的，有完整的情节和人物心理。故事有许多潜意识的穿越，回环曲折，异想天开。

您可以把它当心灵成长的文章读。因为它本身就是一个个心灵觉醒的真实案例。那些生活不幸福的人，通过沟通，都悟出了生活的智慧，他们的人生从此不同。这些案例包括亲子关系、夫妻关系、父母关系、财富关系、健康关系、宇宙人生六个方面。您可以举一反三，收获无穷。

您可以把它当作一次又一次的疗愈课。每一篇都犹如一面镜子，可以真实地照见自己。照着镜子，疗愈就开始了。您就像做个案疗愈一样，在一个独立的不被打扰的空间，舒服地坐下，深深地吸气吐气。然后翻开书，找到与您要解决的问题相对应的篇章，静静地去阅读。您深入内容中去，任由情绪的升起和释放。您要把握的是，时时保持觉知，保持平等心、平衡心。阅读完，不要急着离开，把文章的主人公换成您自己，事情换成您自己的事，按照文章的模式，复制着做一遍。您会惊讶地发现：疗愈发生了。

您还可以把它当作心理咨询的参考。如果您是一位心理咨询师，在咨询过程中，如何发现问题，如何开展对话，如何找到切入点，如何使用疗愈工具，如何转识成智，都会对咨询效果产生非常大的影响。一个好的咨询师，就是要善于发现和利用个案无意中暴露出来的切入点，快速找到真正的问题和根源。这些方法，案例中都有清楚地运用，您只需拿来即可。

如果您在阅读某一篇文章时，突然觉得是在写自己，或者是将自己对号入座，请不要慌张。您应当感到高兴！因为您已经开启觉察。您会深刻地体会到"这个世界没有别人，只有你自己"的意义，您会对许多事情豁然开朗，释怀放下。

这本书放在书柜里，并不会显得很高档。放在书桌上，可以取悦一下自己。如果放在床头边，也许可以助您拥有一个甜美的梦。当然，如果融入心中，可以陪着您一路前行，化风霜雨雪为甘露，畅享人生。

目录

第一章　认识自己，才能更好地爱孩子 …………1

在亲子关系中，视觉的天平一开始就是倾斜的，父母居高临下。一个本自具足的天使硬生生地给演绎成了问题孩子。

父母还美其名曰：没有谁比我更爱孩子了。

筹码 / 2

堕胎 / 6

子在腹中 / 9

亲子关系一二三 / 11

未了情 / 16

千万别拿孩子比 / 21

名字的能量 / 24

担心不是爱 / 27

爱，掺杂了交换 / 30

唯有面对 / 32

无条件的爱 / 35

第二章　夫妻是来彼此成就的 ……………43

婚姻的牢笼里，两个受伤的人相互撕杀，谁也不服谁。他们忘了，谁制造了牢笼？谁把他们关了进去？谁在导演？谁在观看？谁会最终受益？

许多人一辈子都不明白：为什么两个人会成为夫妻？

别骗自己 / 44

疗愈，需要彻底 / 49

问题中的问题 / 52

陈世美的冤情 / 56

放过对方也是放过自己 / 62

辫子情结 / 66

离婚是道考题 / 71

真改自己 / 79

身体知道答案 / 82

第三章　读懂父母是最好的孝 ……………85

所谓的孝养都是表演给别人看的，自己成了主角。真正的主角，他们的台词早被嘈杂的市井声淹没。他们只能沉默，无可奈何地退去。

父母永远不会告诉你他们真正的需求，除非你去读懂他们。

噩梦 / 86

超度 / 89

读懂父母是最好的孝 / 92

缺位的爱 / 98

读懂爱 / 101

一个世纪老人的等待 / 104

改变只在一念间 / 111

安住当下 / 114

第四章　成为财富的管道 ……………117

财富是一种能量，一种显化。我们只知道拼命地去抓取，却不知道疏通自己的能量。

消除卡点，心怀感恩，财富自然地流经，富足而轻盈。

不懂感恩 / 118

为什么人财两空 / 122

糟糕的人际关系 / 127

气虚 / 132

谁在欺负你？ / 136

创业梦 / 139

问题即答案 / 146

疏通财富管道 / 149

成功女人的男人 / 159

男人的胸怀 / 162

老天爷 / 165

第五章　疾病只是一种信号 ……………167

两兵交战，不斩来使。疾病是信息的传递者，告诉我们思想和行为偏离了航道。可是我们却千方百计地要制服它，消灭它。

结果可想而知。

怕血的孩子 / 168

抑郁只为唤醒 / 178

幻想症 / 184

胆小 / 192

神医 / 195

肥胖 / 198

心脏不好缺爱 / 201

立不起来才腰痛 / 205

肚子胀气 / 209

怨恨结成的节 / 211

视野远了，眼前的障碍就小了 / 215

第六章　你是自己人生的导演 ……………219

人生如戏。可是你总在那里演战争片、悲情片。身边的人看腻了，劝你换一换角色。你却固执地说：不可能。

直到剧终，你都不明白，台词都是自己写的。

不值不配 / 220

梦与现实 / 224

因与果的关系 / 227

发愿与智慧 / 229
怨恨的尽头是感恩 / 232
影子人 / 239
骂着骂着就成真了 / 243
内观 / 246
虚伪的人 / 250
压力山大 / 253
换个想法 / 257
你是自己人生的导演 / 259

后记 / 267

第一章

认识自己，才能更好地爱孩子

在亲子关系中，视觉的天平一开始就是倾斜的，父母居高临下。一个本自具足的天使硬生生地给演绎成了问题孩子。

父母还美其名曰：没有谁比我更爱孩子了。

筹码

和老公离婚后,女儿跟随她爸爸生活。女儿快成年了,她希望女儿和自己多一些相处的时间。但是女儿和自己相处不到两三天,总会吵架,每次都是不欢而散。

她痛苦不已。她不知道自己究竟错在哪儿?和女儿该如何相处?

"女儿和你相处好一些,还是和她爸爸相处好一些?"我问她,希望通过问答的方式寻找到突破口。

"当然是她爸。"她不假思索地回答,还不忘给出充分的理由,"女儿是爸爸的小情人,这在他们身上太像了!"

"了解。那你和女儿的关系怎么样?"

"唉,不谈。在一起待不到三天,绝对会闹翻。"

她一脸的苦笑。

"是因为什么呢?"

"没有具体的原因,也没有什么大事。有时候会因为某一句话,或者是某一件小事,瞬间闹翻。真的很莫名其妙的感觉。"

"了解。你们离婚以后才这样吗?"

"不是。她从小就爱跟我顶嘴,长大了更是疏远了。她几乎不会主动联系我,都是我联系她。"

"哦。那她怎么跟你顶嘴，或者有没有经常表达的方式、语言？"

她想了一会儿，说："还真有的，她总爱说我拿她当筹码。"

"嗯？筹码。那你知道她为什么这么说吗？"

"不知道。也许就是一种口语吧。"她回答着，仍不忘给出一种解释。

我引导她深深地吸气，缓缓地吐气。让她回归到自己的内在，去观想她和女儿相处的情景。

她说，女儿长得很甜美，十分乖巧，人见人爱的那种，在外人眼里是非常好相处的。可是和自己在一起时，不知道怎么回事，会在刹那间闹得不开心，让人感到一种无厘头。她越想和孩子亲近，就越难以融洽。

她回溯着与孩子的一桩桩往事，禁不住泪流满面。

最让她觉得心灰意冷的是，自己和老公离婚的时候，两人都希望把女儿留在自己身边，谁也不相让。最后，她想了个好主意，提出由女儿自己选择。她心里在盘算：自己做生意，会赚钱，女儿上学读书的费用和平时开销的钱都是自己在负担。老公是一个上班族，工资低得可怜，只能自己管自己。她坚信女儿在这节骨眼上会选择跟随她。可是万万没想到，女儿竟毫不犹豫地选择了她爸，还说"不后悔"。

"多么无情啊，我受不了了！我究竟怎么了？我究竟怎么了？"她连续地哭喊着。

我让她闭上眼睛，引导她更深地回归自己，同时觉察身体的感受。

她觉得有些喘不过气，胸口有些闷，慢慢地感觉到小腹痛，

第一章 认识自己，才能更好地爱孩子

像被什么搅动了一样。

我引导她回归到更早以前,和孩子之间的事。她的小腹更痛了,感觉到胎儿用脚踢的那种难受。

她已深深地进入到潜意识,进入到怀孩子时候的情景。

她说,一天傍晚,她挺着肚子,跑到了孩子爸爸的家里,要他娶她。

当时是未婚先孕,她已经有六个多月的身孕了。他和他父母都在家,她就当着他父母的面,对孩子的爸爸大声地喊起来:"看到了吗?我怀着你的孩子。你要是个男人,就娶我!"

可是男人倔犟地说:"别威胁我!宁可要孩子,也不能结婚!"

她伤心极了,更大的愤怒涌上心头:"听着,我会到你的单位去,把你的孩子送到单位去!"

在嚷嚷声中,她感觉到肚子一阵剧烈的痛,浑身冒汗,眼前一黑,什么也不知道了。

原来,她和老公是自由恋爱,一见钟情的那种。在热恋期间,郎才女貌,如胶似漆,羡煞旁人。可是好景不长,他们在一起常常为了一些小事而争吵,闹得不欢而散。后来,老公提出分手,她不同意。觉得自己早已是他的人了,怎么可能说分手就分手,自己以后怎么做人!

在纠结往来中,她怀孕了。她很兴奋,要他马上娶她。可得到的回复是婚前都这么闹,婚后不可能幸福,不如分手。她伤心难过,觉得已无退路,就挺着肚子上门闹。

她老公是体制内的人,如果未婚生子的事闹到单位里,他的前途就毁了。

她这一哭二闹三上吊的做法还真管用,不久后便如愿以偿地被男人娶回家。很快,女儿也出生了。

女儿的降临给这个家庭带来了一时的和谐与幸福。但随着女儿的长大,家务事的增多,两人之间的矛盾再次爆发。他们依旧两天一小吵,三天一大闹。每每这时,她总会抬出女儿,说些"要不是为了女儿"之类的话来赢得主动。女儿似乎成了他们的灭火器。

十多年以后,两人均已精疲力尽,连小吵都已无力,终于结束了婚姻。

从回溯中慢慢醒来,她发现肚子不再疼痛,心口平静,有种如释重负的感觉。

"你爱女儿吗?"我问。

她轻轻咳了一声,并没有回答。而是抬起头,眼望天花板。

"你是全心的,无条件地爱你女儿吗?"我穷追不舍。

"现在想来,真不是。"她长长地舒了一口气,"我这就是拿女儿当筹码啊,只是自己不觉得。"

以爱的名义,却伤害着孩子,从不自知,甚至一辈子。

幸好现在开始觉醒。

堕胎

她是一位四十多岁的女性，长期患有肋骨疼，她尝试过各种各样的方法，都没有什么效果。去医院做了 CT 检查，也没有发现什么异常。她来做咨询的时候，用手支撑着腰部，显得有些吃力。

我让她轻轻地闭上眼睛，引导她吸气，呼气，将注意力回归到自己的身体上，同时觉察身体的感受。慢慢地，她感受到左下侧肋骨区域麻麻的，还有些酸酸胀胀的。

"以前这里不舒服，我会很烦，更不会静下心来去感受它。"她自言自语道。

我让她将注意力全部集中在这个地方，不要用大脑去分析评判任何一个感受。同时要求她小声地不断地问自己："怎么了？对不起！"

她一直念，一直念，非常专注。

不知不觉中，她仰起头，皱着眉，好像要看清楚什么似的。

"如果有任何画面、事情呈现，不要慌张，不要疑惑，要如实说出来。"我提醒她。

"好奇怪！我眼前出现了一些小脑袋，有些像人像，他们是那么小。"

"了解。将你的注意力看向这些小脑袋，去感受他们的存在。"

"哎呀！我的头好疼，右上部像针扎得疼。"她突然惊叫起来。

"没问题，你是安全的。继续觉察这一切，讲出你感受到的任何一种感受。"

"我躺在床上，一点力气都没有。我看到好多鲜红的血，我的下身全是的。啊，还看到了老公，他在干什么？哦，这里是十几年前我和老公在医院里做流产的情景。"

她的身体有些微微的颤抖，她已进入到潜意识里，回溯着一次堕胎经历。

"了解。继续。"

"老公用布包着一块肉肉的东西，他心情很沉重，对我说：'是个男孩，有筷子长了'。我没有去看那个胎儿，不忍心看。"

她不停地流泪，有些哽咽。

"哦，理解。继续。"我还是提醒着她。

"我看到了小孩的样子，他伸出手来。"

"了解，你想怎样？"

"我想抱抱他。"

"当然可以。"

她伸出双手，作拥抱状，去温暖那个尚未出世，就被强行终止的生命。

"对不起，宝贝。我好无知，好自私，好无情。对不起，我爱你。……哦，我看到了，有三个，三个小生命，他们都来了。宝贝们，对不起，对不起，我爱你们。"

第一章 认识自己，才能更好地爱孩子

她不停地忏悔着。

沟通结束后,她特地写了一篇心得发给我,其中有一段:

"听说小孩投胎到我们身上不是无缘无故的,是要有百年修来的因缘。我们堕胎打掉他,是很伤害他的,他都能感知到。不仅如此,这样的行为还会对我们以后的生活和身体健康产生很大的影响。以前糊涂,对这些不信,也不以为然。通过老师的深层沟通,我看到了堕胎的另一面,才有了和宝贝们那一段真诚的对话。

很奇怪,经过那一段穿越,我好像有一块石头落地了,浑身轻松。回到家里的时候,我特意用手用力按压我身体左边最下面的肋骨,不疼了呢!我惊喜地告诉了老公,疼了好多年又检查不出原因的疼痛突然就此没有了!感恩老师,感恩所有的一切!"

子在腹中

突然怀上了孩子，很纠结。不知道是要还是不要，因为已经有了一个男孩。她希望通过沟通，能帮她做个决定。

很多孕妈妈只知道怀孩子，生孩子。却并不知道她的一举一动，甚至起心动念，无不被胎儿感知着，印记着。她们更不知道，在胎儿阶段的经历，对一个人的一生将产生非常大的影响。

眼前的这位孕妈妈，显然对这些惘然不知。

"这之前，你是有怀孩子的打算吗？"我继续问。

"没有。完全是意外怀上的。"

"当你知道怀孕了，心情是怎么样？"

"非常纠结。"

"哦，为什么？"

"我想要个女孩。如果是个男孩，就不要了。"

"为什么？"

"因为已经有了一个男孩，都上小学了。"

"了解。你知道孩子在妈妈肚子里，就已经能够感知妈妈的所思所想了吗？"

"不知道。"

"佛陀有本经叫《住胎经》，详细地告诉我们，子在腹中，随母听闻。你的七情六欲孩子都能感知到。"

"哦,太有意思了。"

"光有意思不够。关健是你的行为和念头,都会对孩子产生非常大的影响,甚至是影响到孩子今后的成长和幸福。"

"哦?!"

"如果你根本没有准备要孩子,纯属意外怀孕,而你又不欢喜,你觉得孩子的感受是什么?"

"不受欢迎。"

"如果生下来是个男孩,而你希望的是女孩,你觉得孩子的感受是什么?"

"不受欢迎。"

"如果你一直纠结着是男孩还是女孩,即便以后生下来是女孩,你觉得孩子感受到的是什么?"

"纠结。她感受到的爱是有条件的。"

"那你说现在应该以一种什么样的心态来迎接孩子?"

"全然地接纳,欢喜地迎接。"

"太好了。至于孩子的取舍,需要你们夫妻两人形成统一意见,并且不要以性别来决定。"

"好的。"

子在腹中,随母听闻。每一个想要生孩子的女人们首先要做的就是:积极备孕,开心怀孕,喜悦地迎接新生命的降临。

亲子关系一二三

在一次亲子关系疗愈课中,家长带着孩子,一起对话,游戏,穿越,一起寻找那个不安分的存在,那个未知的自己。

家长的期望

老师:"在这段亲子关系中,你们最想解决的问题是什么?"

妈妈甲:"希望孩子不要沉迷于游戏。"

妈妈乙:"希望孩子能跟大人好好沟通。"

妈妈丙:"希望孩子(女儿)听话,不要跟弟弟打架,两个孩子的脾气比我还暴躁。"

老师:"哦,了解。请你们在问题前面问个为什么?也就是孩子为什么会这样或者不怎么样。并说出来。"

妈妈甲:"为什么孩子沉迷于游戏?"

妈妈乙:"为什么孩子不能跟大人好好沟通?"

妈妈丙:"为什么孩子(女儿)不听话,要跟弟弟打架,两个孩子的脾气比我还暴躁?"

老师:"很好。再请你们给自己的问题找到三个或者三个以上的答案。同时,闭上你的眼睛,把孩子观想在面前,把你的答案告诉他,觉知一下孩子的表情和你的感受。"

几分钟后，妈妈甲说："有一幕总是会浮现在眼前：孩子在打游戏时特别忘我，特别兴奋，特别嗨。孩子在游戏中找到了快乐，自信，那种能自我主宰的存在感。在生活中，我总是让他学习，教训他，唠叨他，孩子没有快乐感。另外，我也忘记了培养孩子的自尊、自信和自立。我感到好内疚。"

妈妈乙说："我看到孩子很苦闷，不开心。我把主体搞错了，应该是父母为什么不能和孩子好好沟通。唉，孩子他爸一向严格，除了教训、指责孩子外，真没有和孩子好好沟通过一次。我真的很伤心。"

妈妈丙则流着泪，哽咽着说："我看到孩子很无助的样子。我们夫妻俩经常吵架，哪有资格去责怪孩子？"

"我错了，爸爸妈妈错了。"这是在场所有家长的觉醒，当他们面对孩子说出这句话时，孩子们主动地拥抱起了父母。那一刻，父母和孩子真正融合在了一起，真正成了一家子。

孩子的希望

老师："你希望爸爸妈妈怎么样？"

孩子："我希望爸爸妈妈不要吵架了。"

老师："哦，他们吵架时你会怎么样？"

孩子："以前我心里会特别难受，现在我觉得他们其实挺可笑的。"

老师："为什么觉得爸妈吵架很可笑？"

妈妈在一旁抢着回答："她已经习以为常了。"

妈妈笑着，可孩子哭了。

关心

老师："你们希望爸爸妈妈多关心你们吗？"

孩子甲："希望。爸爸工作很忙，很少回家，根本就不关心我。"

孩子乙："不希望。爸爸妈妈总是帮我把什么都安排好，可我都已经十岁了啊，我有自己的想法。"

孩子丙："爸爸平时都是吼我，突然换了个语气来跟我说话，我觉得不是个好事儿。"

我是个人呀

亲子关系课中，有一个环节是做自我介绍。轮到一个女孩子，女孩子有些害怕，迟疑了一下。

"你快说，快说呀！"一旁的妈妈不断地催促。

孩子更加紧张，一只手在桌子上来回摩擦。

"快把手放下来，一点礼貌都没有。"妈妈说着，将孩子的手制止。

孩子既紧张，又窘迫，小声地开始自我介绍。

"大点声，大点声呀！"妈妈干脆临阵指挥。

结果，孩子带着哭腔介绍完了自己。

老师问孩子："你想对爸爸妈妈说什么？"

孩子突然放声大哭："我想对爸爸妈妈说，不要总盯着我，说我这不对那不对，这不好那不好！我是个人呀！"

在妈妈肚子里

老师引导学生进入深度冥想，观想自己在妈妈肚子里的感受，并分享出来。有的说感受到了妈妈的冷漠，有的说感受到了自己的恐惧，也有的说感受到了开心，好玩，还有的说：我怎么什么也没看到啊？

被妈妈当作问题孩子的女孩说："我看到了自己，我坐在妈妈的肚子里，靠右边一些，头朝上，脸朝妈妈的肚皮。我看到爸爸妈妈争论，爸爸说，他希望是一个女孩儿。妈妈说，她还是希望是一个男孩儿。爸爸说，女孩儿懂得心疼人，女孩好。妈妈说，女孩总是让人多担心，男孩好养。"

妈妈在一旁插话："瞎说。"

女孩继续分享："我在妈妈的肚子里，感觉身上暖暖的。我还看到爸爸来了，他把耳朵贴在妈妈的肚皮上跟我说话，他还亲我，我笑了。"

同学们都笑了，很羡慕她。

"你平时是喜欢爸爸多些，还是喜欢妈妈多些？"我问。

"喜欢爸爸多多了！"女孩毫不掩饰地回答。

妈妈听了，眼睛直直地盯着女儿，发出了"哼哼"声。

在胎儿期，就决定了父母和孩子的关系。孩子选择了父母，父母影响着孩子。父母对你有多期待，有多喜悦，就会收获多少相对应的爱。

重男轻女

老师："你爸爸妈妈会重男轻女吗？"

女生："我爸爸妈妈并不重男轻女。"

老师："啊，太好了，多幸福呀！"

女生："不过，我倒是希望爸爸妈妈有那么一点点重男轻女。"

老师:"哦,为什么?"

女生:"这样,他们就会少盯着我一点了。"

不甘心

老师:"你最不希望什么?"

孩子:"我最不希望妈妈说我顶嘴。"

老师:"哦?"

孩子:"我是不甘心!"

未了情

她来咨询的时候，脸色暗淡，精神萎靡，好像多日没有睡好觉的样子。

她说，儿子的婚事让她操碎了心。她看中了自己同学的女儿，并且亲自上门去探访过，这绝对是个门当户对，百里挑一的好姑娘。可当她兴奋地告诉儿子时，儿子却说，自己的事情自己会搞定。她央求儿子先见面再说，可儿子仍然不愿意。她甚至说女孩的父亲和自己是同学，她都向对方表态了，没有退路可选。儿子烦了，直接回应："你都谈好了，还来和我商量干嘛？"她简直快气疯了，她说，儿子跟他老爸一样，倔！犟！

她不停地诉说，越说越生气，几乎不让老师有问话的余地。她完全没了刚来的时候无精打采的样子，前后判若两人。

终于，她诉说完了。我微笑着对她说：

"你应该高兴才对啊！"

"嗯？"她一脸的不解。

"你儿子很独立，很有思想。"

"可他总得要听父母的啊！"

"个人感情的事，还是由他自己决定好。"

"那他毕竟还没有对象啊。快三十岁的人了，八字还没有一撇!"

"你都知道他个人感情的事吗?"

"这个,不完全知道吧。"她疑虑起来,"但不能由着他这样下去啊!"

"他个人的事不由他么?"

"那也不能不听父母的,我的婚姻就是……"

话说了一半,她突然停住。好像意识到了什么,有些尴尬地把脸转向一边。

"你和你老公幸福吗?"我转了个话题问。

"唉,我们都老夫老妻了。"其实,她才五十多点。

"幸福与年龄无关。"

她只是轻轻地叹口气,并不作答。

我引导她深深地吸气,缓缓地吐气,慢慢地进入到自己的内在。

"把你自己的样子观想在面前,好吗?"

"嗯。"她努力地观想着,一会儿,她说,"可是我什么也没有看到。"

"没问题,你只需静观就好。"我提醒道,"任何时候的样子都可以,不要刻意追求哪一种。头脑中最先闪现的是什么就是什么。"

她继续观想,不一会儿,有些疑惑地说:"怎么会是这个时候的?"

"没问题,任何时候的样子都可以,不要刻意追求哪一种。"我再次提醒她。

"我看到了……"突然她眼泪唰唰地往下掉。

"看到了什么,说出来。"

"怎么会是……"她欲言又止,泪却流得更汹。

"所有的呈现都有它的因缘,接纳它,说出来。"

"我看到了我十八岁时的样子,好活泼,好漂亮,好有梦想。"

"了解。继续。"

"我……"

似乎是压抑了几十年的泪水,终于找到了缺口,梨花带雨般倾泄而出。一个只有在电影、电视剧里才有的故事,真实地在现实中演绎着,被回放了出来。

她的母亲是上世纪六十年代的一名援疆者,和大多数热血青年一样,响应祖国的号召,支援边疆建设。她母亲在援疆时,有一个热恋情人。可是后来,因为工作原因调动,他们分处异地,并没有结成正果。这段恋情成了她母亲心中的痛。后来,在她十八岁那年,她妈妈给她介绍了一个对象,就是她妈妈昔日恋人的儿子。三年后他们结婚,她用自己的婚姻圆了母亲的未了情。她母亲和昔日的恋人成了儿女亲家,她母亲昔日的恋人成了她的公公。

她母亲高兴地说,这是亲上加亲。

如果仅仅是这样,这段姻缘确实可以成为美谈。可恰恰是十八岁那年,她和一个男同学,彼此都爱慕,并互表衷情,只是没有对外公开。她母亲给她介绍对象的时候,她犹豫过,斗争过。为了让母亲高兴,她选择了唯母命是从,断绝了和那个男同学的往来。可谁知道,她即使结婚了,却仍然对过去的同学恋念念不忘,徘徊在后悔之中。

她始终无法全身心地爱老公。她知道这样对老公不公平,自责过,反省过。但这种情结,就像田地里的野草,拔过了,又会滋长，并且愈发旺盛。这种感受，她只能雪藏，密而不宣。

"理解。"我回应她的真实表露。

我知道此时任何一种大道理都将无济于事。于是，我用功课的方式引导她对过往的一段记忆作了断。

"观想一个巨大的火盆在你面前，可以吗？"

"可以。"

"把你以前的那个恋人观想在火盆面前，可以吗？"

"可以。"

"用尽你所有的力量，把面前的那个恋人推进火盆……"

没等我说完，她非常敏感地觉察到了什么，打断我，大声地喊道："不，不要！"

她惊恐着，扭动着身体，不知所措。

"理解。你是安全的。"我继续引导她，"你需要对过去作个了断，这是对你的家庭负责。"

"不！"她很坚定，泪水又滚落下来，"这个恋人，就是我给儿子介绍的对象的父亲。呜呜呜……"

我愕然了。

做了那么多个案，解决了那么多奇婚怪恋，这个情节还是突破了我认知的边界线。我不得不改变方式：

"把你老公观想在面前，可以吗？"

"可以。"

"把你的儿子也观想在面前，可以吗？"

"可以。"

"把他们同时观想在面前，可以吗？"

"可以。"

第一章 认识自己，才能更好地爱孩子　　　　　　　　　　　19

"看看他们是什么表情？"

"他们都愁眉苦脸的，好无助，好伤心的样子。"

"想对他们说什么？"

她的身体打了一个惊颤，好像被电击了一番。

她慢慢平静下来，不再哭泣，忏悔地说："对不起，我错了。我想复制我母亲的模式，把我的未了情复制在儿子身上。我好自私，好糊涂！"

"很好，继续。把你儿子观想在面前，想对你儿子说些什么吗？"我鼓励着。

"儿子，你是对的，你要做你自己，谁也不能代替你。妈妈支持你。"

她说着，慢慢挺直了身体，长长地伸了个懒腰，好像脱掉了一身重袍。过了一会，她欣喜地自语道：

"我看到儿子笑了，他笑得好开心！"

千万别拿孩子比

父母一块儿来咨询,为儿子读书的事。

还没有坐稳,母亲就说:"愁死人了,儿子厌倦大学生活,不愿意继续学业。他想中途退学,怎么劝说都没有用。"

她接着感叹,她姐姐的孩子真优秀。考的学校好,毕业分配好,处的对象也好。她姐姐根本不用操心,是个享福的命。

父亲在一旁没有太多言语,只是说:"关键是儿子现在连我们的电话也不接了。"

"理解。做父母的哪个不是望子成龙,望女成凤?"我对他们的心情表示理解。

"那只是愿望,有几个成了龙,成了凤?"母亲不相信,反问起来。

"哦,成龙成凤的愿望高了,那你们对儿子的希望是什么?"

"我只希望他今后有份事业,有点本事,有点爱好,有个好身体。"母亲很直接。

"还要人际关系好。"在一旁的父亲补充道。

"这些是你们真实的愿望吗?"

"那当然了,这个愿望不高。"

"了解。那你们现在愁在哪里?"

"拿不到毕业证,怎么找工作?"

"哦,毕业证只是一个方面,比尔·盖茨就没有大学毕业,许多事业有成的人根本就没有进过大学。"我停了停,继续问,"还有什么条件可以找到好工作?"

看到母亲还在思考,在一旁的父亲回答说:"要有本事。"

"还有呢?"

"要有技术。"

"还有呢?"

"情商要高。"

我望着他们笑了笑,对他们一连串的回答表示赞同。他们没有了刚开始的焦虑,慢慢平和下来。

我继续问他们:"除了学业方面,你们想想,儿子平时有哪些喜好,或者是特长?"

"他特别爱好美食,各地的菜品、特色,描述得清清楚楚。给他一块肉,他能一眼就分别出肉是今天的还是昨天的,是新鲜的还是陈的。"母亲这时描述儿子,颇有几分得意。

"他从小就喜欢看美食节目。别的孩子爱看动画片,他不,就爱看美食的。"父亲补充着。

"哈哈,好。还有呢?"

"他对家里的生意很有自己的见解,分析得头头是道。"母亲很快回答。她好像意识到了什么,略略停了一会儿,反思地说:"可我们总是要他别操心,要以学业为重。唉,真不该。"

"哦,很好。还有什么呢?"

"儿子特别善良,很会关心人,女生缘很好。"母亲似乎在抢答,末了,她又有些疑惑,问道:"这算不算长处呢?"

我笑了笑,把话丢了回去:"你说呢?"

父亲和母亲都笑了起来。

"你们好像看到了孩子的未来，有各种可能，对吧？"

"是的。"

"路好像不是以前想象的那样窄，对吧？"

"哎呀，真是！"

"回想一下孩子最后一次挂断电话时，你们都说了啥？"

"我给他再一次提起了他的表兄弟，也就是我姐姐的孩子。要他像他表哥一样。他就挂断了电话，不再理我们了。"母亲还是不理解儿子的行为。

"嗯，了解。你儿子的优点，他表兄弟也有吗？"

"没有。他表兄弟只是学习很好。"母亲回答的时候用了"只是"这个词。

"你儿子优秀吗？"

"优秀。"

"你是要肯定他，还是否定他？"

"这……"母亲终于明白过来，自责地说："唉，这一比，真的是伤害了他。"

"嗯，明白了就好。你们的决定是？"

"尊重孩子的选择。"

厘清了自己的问题，更看到了孩子的优秀，母亲站起身，长长地舒了口气，连连地说："好舒服，好舒服。"

过了几天，母亲打来电话，高兴地说，儿子竟然主动给她打电话，说自己错了，他会好好地重新规划人生。

这是多么惊喜的事情啊，父母的念头变了，孩子也会感应到。谁说不是心有灵犀一点通呢？

名字的能量

提起和女儿的关系，怎一个愁字了得。

她说，女儿已经读大学了，除了要生活费外，不再和自己嘘寒问暖。女儿言语少，胆子也小，总是不自信。

她还说，论个子，女儿有一米六五，面貌白净，五官端正，只是身体有点微胖，不说是美女吧，也算清秀。可怎么就内向，不自信呢？

她弄不明白，自己和老公的性格都比较开朗，怎么就没有遗传给女儿呢？

我引导她深深地吸气，缓缓地吐气，她慢慢地回归到自己的内在。

在回溯女儿从小到大的生活场景时，发现她从小就内向，胆小，但在孩子成长过程中并没有发现大的波折。

孩子是否有经历创伤，创伤又在哪里呢？

我引导她回溯怀孕时候的经历，她立即紧张起来，连说："不，不。"

再次引导她时，她还是拒绝。她的头脑异常警觉，身体晃动着，开始紧张起来。

"理解。把注意力回归到你的身体上，去觉知身体的感受，好吗?"

"好的。"

"哪儿不舒服?或者是酸麻凉胀痛?"

"肚子难受,像有什么翻动一样。"

"了解。继续觉察这个地方,去感受它。"

"有点恶心。"

"看到什么了吗?"

"没有,想吐的感觉。"

"回溯过往的经历,有哪些人或事给你带来这种感受?"

她的神情更加紧张,在更深的意识层搜索。

不一会儿,她流起泪来,说:"我看到了我怀孩子时候的样子,好害怕。"

"为什么害怕?应该高兴啊。"

"我才十八岁,还没有结婚。"

"了解。去觉察孩子在你肚子里的感受。"

"孩子蜷缩在我肚子里,看不到她的脸,感觉好委屈的样子。"

"用你成年后的人生经历,尝试着和她交流。把你最想说的话对她说出来。"

"宝贝,是我不好。我不知道我的不安和紧张会那么影响你。我知道我错了。既然你选择了我作为妈妈,我就要心安理得地接纳你。宝贝,我爱你!"

"看着肚子里的孩子,继续对她说'宝贝,我爱你!'"

她不停地说着,抚摸着肚皮,就像正在怀孕一样。

我引导她用绿色的光照着那个早来的孩子,温暖她。她终于在光中和孩子拥抱,融合。

原来,她十八岁时,处了一个男朋友,没想到意外怀上了孩子。她惊恐,害羞,更害怕。她觉得不该怀上孩子,要去做手术引产。可是男朋友非常爱她,不同意打掉孩子,说这是他们爱情的结晶,还决定马上结婚。农村的年轻人结婚都比较早,于是他们结婚了。婚礼那天,她不知有多害臊,挺着个大肚子作新娘。她看到人们似乎都盯着自己的大肚子,谈论着,嘻笑着。她的肚子不时地翻腾着,难受极了。

她观想到,那就是胎儿感应到了难受,在不安地躁动啊。

好在老公开心,说是"双喜临门"。他还在孩子出生后特地给她取了一个名字,叫"意外"!

"意外"是孩子的小名,从出生一直叫到了小学毕业。因为这个名字,她常常被同学嘲笑,不知哭过多少次。

都说女儿是父亲的小情人,可女儿只有在上小学前和她爸黏糊。自从上学后,特别是小学高年级后,连她爸爸也慢慢地不太亲近了。

老公对孩子的名字非常满意,甚至是得意,却不知道这个名字给孩子的成长带来了这么大的伤害。

名字具有能量,不仅在于名字意义本身,还在于人们呼叫她时的起心动念。

担心不是爱

这位妈妈一谈起儿子,一万个放心不下。她说,她总是担心,啥事都担心。

"你想儿子怎么样?"我问。

"我希望他一切都听我的!"她的语气十分坚定,似乎没有余地。

"哦,一切?"

"是的。因为我全是为他好!这个世界上只有我是全身心地爱他的。"

"理解。他能接纳你对他的好吗?"

"不能。"

"那为什么?"

"他不听我的啊!"

"可以具体些吗,他不听你的什么?"

"嗯,比如要他不要熬夜,不要打游戏,不要喝酒。"

"为什么强调这几点?"

"我担心他的身体。赚不赚钱不重要,身体得好!"

"他的身体出现了什么问题?"

"目前没有。"

"哦，看把你急的。"

"那怎么不急？出了问题就来不及了。"

"了解。你的儿子多大了？"

"三十多了。"

"哦，成家了吗？"

"成家了。自己开店做生意。"

"明白了。从刚才的对话里，如果用一个词表达你的心情，会是什么词？"

"应该是担心吧。"

这位妈妈已经快六十岁了，在对话的过程中，双手相扣，眉头紧锁，语气急促。

我引导她深呼吸，慢慢放松，让思绪回归到自己的内在，去觉察身体的感受。同时，引导她回溯儿子从小到大，和自己一起生活时发生的难忘的事。

她说，从小到大，她都放心不下这个儿子，总是担心这担心那。而担心的最多的就是怕孩子生病，自己总有一个可怕的、怪怪的念头，怕这个儿子保不住。

我引导她回溯到更早的时期，怀孩子的时候。一下子，她整个人更紧张了，双手扣得更紧了，拧成一个麻花状。

三十多年前，她开着一家美发店。一天，她突然感到下身胀痛，湿漉漉的，有黏糊糊的东西流出来。她脑子里冒出不详的预感。她十分害怕，立即跑去医院，茫然地等待医生的审判。结果，医生检查后笑着告诉她：她怀孕了，并且已经三个多月了。医生还提示，由于胎儿比较大，她的工作又要长时间站着，千万要注意脱落的风险。

"怀孕了？脱落？"她没有其她女人怀上孩子的兴奋，而是愣在那里，疑惑起来。她没有感受到任何怀孕的征兆啊，她也没有打算立刻要孩子的。那时，生意正处于上升势头，每天忙十几个小时，多数时候都是站着。她想的是要先赚足钱，等条件好一些了再怀孩子。

过了一会儿，她突然紧张起来，头脑里回漩着医生的话，担心这个孩子掉下来。她说，她不能失去这个孩子！

她提心吊胆地度过了整个孕期，直到孩子呱呱坠地，她终于可以暂时舒一口气。

回溯完的时候，她才觉察到额头渗出了豆大的汗珠，她索性脱下了外套："哇，浑身都汗湿了。"

她终于找到了担心的种子：在自己本来十分恐惧、无措的时候，医生的一句善意叮嘱，让她深深地烙上了"怕"的印记。这个印记，一直影响着她，恐吓着她。

这个种子，经由回溯，面对，释放，转化为了一个迟来的觉醒：担心不是爱。

爱，掺杂了交换

她说，女儿出嫁了，连心也出嫁了。

自认为为了孩子，自己什么都可以付出，已经把最好的东西，所有的钱都给到了孩子。但是现在，孩子不听自己的，什么都护着夫家，让人很伤心。

她哀叹，这个妈还有什么价值？

"孩子不听你的了？"我问。

"唉，是的。"

"你是真的爱孩子吗？"

"当然了。"

"你是全身心地爱孩子吗？"

"那是啊！"

"你是无条件地爱孩子吗？"

"是啊！那不用说，我什么都愿意付出。"

"既然是无条件地爱孩子，那么孩子可以对你不用回报。"

"嗯？"

"既然是无条件地爱孩子，孩子可以不听你的，也可以不孝敬你啊。"

"这……"

"因为孩子不听你的,你都气成这样,你说你对孩子的付出是不是有条件的?"

"哦……"

"轻轻地闭上眼睛,深深地呼吸。你问问自己,对孩子的爱是无条件的吗?是真正的爱吗?是无私的爱吗?"

她的眼泪哗哗地往下淌,哽咽地说:"原来我是有条件的,其实有一种交换在里头,一旦停止交换,我就感到不舒服。我好自私啊!"

有的女儿出嫁了,心还在娘家。

有的女儿嫁就嫁了,夫家就是家。

女儿出嫁了,母爱更需智慧。

唯有面对

她是一家公司白领，管理着一个团队。她说，很想找老师咨询，可是工作很忙，很难抽出时间。

她来咨询的时候，电话不断。她不停地抱怨：忙死了，烦死了。

到了正式咨询的时候，她提出一个要求：刚好有一个线上会议，很重要。问我可不可以把线上会议链接上，手机放在旁边，但不看。这样会议、咨询两不误。

我对她说："所有的呈现都不是无缘无故的，它是我们内在的一种投射，只是你还不懂而已。"

她一头雾水，悻悻地关掉了手机。

"你想解决的问题有哪些？"我问。

"有……客户的问题，还有招募人才的问题。"她的回答吞吞吐吐。

"哦，还有吗？"

"没有了。"她犹豫了一下才回答。

"不论是哪方面的问题，包括家庭问题，你个人的隐私问题，都可以提出来。"

"我没有隐私的问题，就只有这两个问题。"

"了解。那你最想解决的问题是什么？"我还特别提醒她，"只能选一个。"

"两个都重要。"她坚持着，好像不可动摇。

我引导她深深地吸气，缓缓地吐气。她做了两次深呼吸，停下来，笑着说："不好意思，太多事了，静不下来。"

我说："你能静下来，何必要来咨询？"

"哦。"

于是，再次进行调息。她慢慢地进入自己的内在。

"尝试着做一个功课，不停地说：我怎么了？！"

"我怎么了？我怎么了……"她开始问自己。

"说的时候身体有什么感受？"

"痒，浑身痒痒的。可能是空气的原因吧！"

"放下你大脑的评判，只是说，并把你眼前闪现的人或事讲出来。"

她开始快速、不间断地反问自己。

一会儿，她说："好奇怪，脑海里怎么突然出现了儿子的样子？"

"不要评判，没有无缘无故的呈现。出现任何人或事，你只需接纳，并讲出来。"

她说，她看到儿子一会儿在发呆，一会儿在玩游戏，一会儿又在睡觉，一会儿又在看电视，一会儿又开始玩游戏。

她说着，身体左右摇动起来。她显得烦躁不安，脸皮绷得紧紧的，眉头皱成一团。

"继续观想儿子的样子，想对他说什么？"

"儿子，交代你的事怎么还没有完成？毕业这几年了，为什么不出去工作？为什么总是打游戏？为什么熬夜？为什么大白天还在睡懒觉？为什么像你爸爸一样，不上进？为什么？为什么？为什么？！"

她嚎啕大哭起来，有如决堤的洪水，冲泄而出。

"继续。把你压抑在心底，又不敢说出来的话，全说出来。"

"儿子，我对你不满意！对你爸不满意！"

她的声音提高了八度，发出了狮子般的吼叫。

等到静下来的时候，她突然发现，身上不痒了，觉得浑身轻松了。

"再次回到前面的问题，当前困扰你的最大问题是什么？最想解决的问题是什么？"我问。

"儿子的问题。占了所有问题的百分之八十。"这时，她的头脑非常冷静，非常清晰。

"通过这次穿越，你感受到了什么？"

"唯有面对，才可以解决问题。"

"那你是怎么做的？"

"掩饰，逃避。"

我们的人，有两个地方不可信，一个是大脑，一个是嘴巴。它要么选择逃避，要么避重就轻。除非你敢于面对，才能还原事情的真相。

疗愈，从面对开始。

无条件的爱

女儿不愿与人沟通交流,遇事不知如何应对,常常哭。几乎没有男性朋友,不愿谈恋爱,抑郁,自闭。

妈妈约好了和女儿一起来咨询。

妈妈错了

她刚跨进门,就不停地道歉:"对不起,老师。女儿临出门时突然变卦了,不来。实在不好意思。真的对不起啊,老师!"

"没有什么对不起啊,一切都是最好的安排。你来了就挺好的呀!"我微笑着对她说。

"可女儿不来,我又不能代替她。"

"哈哈,不一定哦!"

她疑惑地望着我,讲了些女儿的情况。她长长地叹着气,不停地说:"三十多了,不谈对象,这怎么搞啊!"

我看到了她的不安和焦虑,以及许多负面的情绪,就对她说:"先给你自己做一个深度沟通吧。"

她非常惊讶,连连摆手:"不,不。我是为女儿的问题来的,老师。是解决女儿的问题。"

"明白。谁说给你沟通不是为了女儿呢?"

她迟疑了一下，将信将疑地说："还可以这样啊，试试吧。"

"你最想解决女儿的什么问题？"我问。

"没有适应能力，害怕与人交谈。"

"好的。请把女儿观想在面前。"

好一会儿，她说："奇怪，观想不到。"

"哦。想到女儿，你的身体有哪些不一样的感受？"

"心里烦，身上发热，腿发麻。"

"了解。继续感受。"

我带着她深呼吸，慢慢放松。但几经努力，她仍然用强大的大脑控制自己，观想不到女儿的任何样子。

"那就想想自己和孩子小时候的一些事。"

一提到孩子小时候的经历，她顿时觉得难受，觉得很对不起孩子。她说，那个时候自己工作忙，经常加班。她在孩子断奶后不久，就迫不得已地把孩子送给她的爷爷奶奶带，自己只有星期天才有空去陪孩子。

她清楚地记得，孩子到了5岁多上幼儿园的时候，她下定决心把孩子接回来和自己住，孩子甭提有多高兴，她从来没有见过孩子那么开心。可是高兴了没有几天，孩子再也不愿意和她多交流，吵着要回奶奶家。

她回忆起这些细节，开始流泪。

"把你所有的注意力都定格在孩子回家的那几天，你和孩子都有哪些对话，或者场景？"

"就是些日常生活，没有什么特别的事啊。"

"没问题，就回溯那些日常生活的事就好。"

她慢慢地回想起，大门一打开，孩子抢先一步跨进家门，没有脱鞋就跑了进去。她马上叫住孩子:"快换上拖鞋,别把地板踩脏了。"

孩子乖乖地返回来,换上自己的小拖鞋。

孩子抓起一个苹果,正要往嘴里塞。她立即喊道:"洗手了再吃,快去洗手。"

孩子放下苹果,乖乖地去洗手。

"慢点吃,瞧你把饭菜都弄到衣服上了。"

孩子拿着筷子,有些不知所措。

"别看电视了,快去睡觉。明早要上幼儿园呀!"

"快点起床,别磨叽了,要迟到了!"

"又忘记了,吃东西前一定要洗手!"

"这孩子,跟着爷爷奶奶惯坏了,没有好习惯!"

"得改啊!"

"这怎么得了?!"

她回溯着孩子吃喝拉撒的点点滴滴,全是学着爷爷奶奶的那些坏习惯,没有一点"五讲四美"的训练。

她的身体躁动起来,不安地挪动着。

我让她继续观想孩子的样子,对着孩子不断地重复:"这怎么得了!这怎么得了!"

不一会儿,她惊讶地说:"我看到孩子的样子了。"

"她是什么表情?"

"她好委屈,好无助。她孤零零地在客厅中央站着,伤心地哭泣。"

我引导她继续看着孩子,捧起孩子的脸,尝试去读懂孩子的内心。

她伸出双手,做捧起的样子,哭着说:"宝贝,妈妈错了。妈妈的要求太多了,妈妈太激进了,妈妈让你无所适从。妈妈错了。"

她忏悔着,直到看到孩子开心地笑起来。

长得好丑啊

慢慢地,她放下了大脑,进入到自己更深层次的意识,不觉中浮现出女儿出生时的场景。

由于摔了一跤,她提前动了胎气,生产的时候是难产,在医院住了一个多星期才生。女儿一出生就被放进了保育箱,一呆就是二十多天。

各项指标正常后,护士阿姨高兴地把女儿抱过来递交给她。那时,她老公也在场,都期盼着见到女儿。她第一眼看到女儿的时候,女儿的脸蛋暗红暗红的,上翻着眼皮,嘴巴嘟嘟地一开一合。

她不知道是有意还是无意,转头对着老公说:"好像你,长得好丑啊。"

"长得好丑啊!"这是妈妈第一次见到女儿说的第一句话。

我让她重复说出这句话,她不愿意。

她紧接着补充说,自己其实很喜欢女儿的,那个时候只是开玩笑似的说出来。平时和老公也会开这样的玩笑,让我别当真。

可我还真把这句话当真了,揪着不放。

我让她继续重复这句话,她只有依着。

"长得好丑啊,长得好丑啊,长得好丑啊……"她说着说着,竟委屈地哭泣起来。

她回溯着说,大学里她是绝对的校花。有许多同学追求她,她都不屑一顾。毕业后分配的单位是金融部门,既有钱又有权的那种。她梦想中的丈夫除了白马王子,还是白马王子。

可命运跟她开了个玩笑，偏偏让她嫁给了现在的这个老公，一个其貌不扬，甚至长得有些丑的男人。

那时，提拔自己的领导主动作媒，说这个男人特别有才，正好郎才配女貌。她第一次见到这个男人时，从心里蹦出了一句话："长得好丑啊！"

尽管自己不太愿意，但又难以拒绝领导。她犹豫过，伤感过，但最后还是稀里糊涂地把自己嫁给了这个男人。男人确实有才，对她也是百般地好。可"长得好丑啊"这句在嘴边的话，她硬是深深地咽了回去，压在了心里。

我让她继续重复这句话："长得好丑啊！"

慢慢地，她再次看到了女儿刚出生时的样子。女儿在自己的身边睡着，孤单地四处张望。她流着泪，第一次说出了她那时的心声：真的不喜欢这个女儿，长得真的太像她爸爸了。

她很多时候是背对着女儿睡觉。有时候，女儿饿了，哇哇大哭，她好久才回过神来，像梦游一般。她甚至幻想着，女儿会突然变成一个男孩，那该多好啊。男孩丑，有时候会是一种特点，一个特质。可女孩就不一样啊。

她回溯着，不断忏悔地说："宝贝，对不起。宝贝，对不起。妈妈没有从心底里爱你。"

刚强了几十年的泪水随着一声声对不起哗哗流下，她在泪眼里终于看到了女儿欢快的样子，听到了女儿清脆的声音。

无条件的爱

我让她继续把女儿观想在面前，继续重复这句话："长得好丑啊。"

第一章 认识自己，才能更好地爱孩子

她说，她看到了女儿上幼儿园时的情景。她和一些家长们在一起交流。一个家长突然对她说："你的娃像你的地方不多，要是像你就更漂亮了。"

这时，她感到后背有针扎一样，她的脸涨得红红的。她自己从小到大都是在赞美声中长大的，她无法接受女儿长得像她爸。

她想到了一家三口在家里的情景，她有时候会对女儿开玩笑："真像你爸！"

"女儿是爸爸的小棉袄，还是小情人，你当然像你爸爸啊！"

"你看，你的眼睛特别像你爸！"

"幸好像你妈不多。女孩子不要太漂亮的，太漂亮了麻烦多。"

我让她重复着过往的一些对话，去感受说这些话的时候身体的感受。

她说，身上麻麻地，心口像有什么东西堵着一样。她慢慢感受到，过往自以为是在开玩笑，其实，在内心里有一道怎么也迈不过去的坎。

她说，她为女儿的婚姻发愁，她托人给女儿介绍了好几个对象，都没有太长时间的交流。女儿不自信，更不会主动。每每这时，她都在内心里嘀咕："为什么那么像她爸？！"

"把女儿现在的样子观想在面前，可以吗？"我再一次让她观想女儿。

"可以。"

"把你所有的注意力关注到她的脸上，好好看着她的脸，可以吗？"

"可以。"

"把你所有的注意力关注到她的眼睛上，好好看着她的眼睛，可以吗？"

"可以。"

"把你所有的注意力关注到她的头发上，好好看看她的头发，可以吗？"

"可以。"

"把女儿成长的经历，汇集成电影那样，在眼前快速闪过，可以吗？"

"可以。"

"好好看着女儿，你想对她说什么？"

她还没有开口，已是痛哭流涕。

"妈妈错了，妈妈把自己内心的遗憾转嫁到了你身上。妈妈不是一个称职的妈妈，妈妈没有接纳你的一切。妈妈忽略了你的好，你的优秀。你像你爸，学业那么好，从没有因为成绩的问题让爸妈操心。你工作那么敬业，常常受到表扬。你性格那么内秀，人际关系好。可妈妈全看不到，妈妈错了！妈妈改！"

她说，她看到了一个纯净的、透明的、靓丽的、欢快的天使，她的名字叫"女儿"。

有一种爱，是真爱，叫作无条件的爱。

第二章

夫妻是来彼此成就的

　　婚姻的牢笼里,两个受伤的人相互撕杀,谁也不服谁。他们忘了,谁制造了牢笼?谁把他们关了进去?谁在导演?谁在观看?谁会最终受益?

　　许多人一辈子都不明白:为什么两个人会成为夫妻?

别骗自己

他是一位事业有成的行业精英,千里迢迢来咨询。问及要解决的问题,他略微地思考了一下,叹了口气,说:"想出家,或者归隐山林吧。"

"好啊。"我很直接地赞同,还不忘顺势追问,"那选好了出家的地方吗?"

"唉,没有。还要过两年退休,就可以了。"

"那归隐的地方呢?"

"也没有。"

"把你的目光看向我,可以吗?"

他将目光由天花板移向我,好像怕碰到什么似的,又不自主地低下头去。

"告诉我,你最想解决的问题是什么?"

"其实也没什么……"

他轻描淡写地说没什么,可始终不开口讲出来。他上下左右打量着房间,却又什么也没有看到一样,将目光收回到自己的手上。他的手捏着衣服的角,像个犯了错误的小孩。

他究竟想隐藏什么,让他欲说还休?

知识分子最大的优势在于大脑,他们懂的东西很多,道理比谁都会讲。可最大的障碍也在于大脑，对什么都不相信，持怀疑态度，就只是执着于"我，我的"。

于是，我想让他通过体验的方式找到答案。

我要他轻轻地闭上眼睛，深深地吸气，缓缓地吐气，让全身慢慢地放松下来。然后要求他说出："其实没什么"，并且不断地重复这句话，语速由慢而快，不要用大脑思考，只是连续、不断地说出，持续五分钟，允许身体有任何感受。

"其实没什么，其实没什么，其实没什么……"他重复的语气越来越快。

"好，继续。在重复讲这句话的过程中，身体有什么感受？任何一种感受都可以。"我提示他。

"喉咙难受，痒，像被什么堵着。"他边说边回答，边咳嗽起来。

"说出来，你被什么事情堵着？"

"其实，没什么。"他还是扛着，咳嗽得更厉害。

"了解。将你的注意力集中到喉咙这个地方，可以吗？"

"可以。"

"有什么感受？"

"太难受了。"他有些喘不过气的感觉。

"有什么人或者事被想起吗？"

"前妻。"

"前妻怎么了？"

"早就离了，她是一个很优秀的女人。"

"哦，你想怎么样？"

他停留了半晌，说："想复婚，却无法开口。"

"了解。继续闭上你的眼睛，把你想对前妻说的话说出来，可以吗?"

"很对不起她。以前做了太多出轨的事,她才跟我离婚。我们是大学同学,他们家是大城市里的,我是农村的。"

"了解。想想,你为什么会出轨?"

"她很强势,总是会数落我。我心里不服,不能当面顶,就背着她找别的女人。快十年了,唉,我好后悔!"

"了解。把前妻观想在面前,可以吗?"

"可以。"

"她是什么样子?"

"她很不开心,对我不屑一顾。"

"继续观想她,看着她,说出她的名字,对她说出你最想说的话。"

"对不起你,我好后悔。对不起你,我好后悔。"

"嗯。看着她的眼睛,重复这句话,不断地重复这句话,允许身体有任何感受。"

"对不起你,我好后悔。对不起你,我好后悔。对不起你,我好后悔……"他越说越激动,禁不住掉下泪来。

"好。你在对她说的时候,她有听到吗?"

"听到了。"

"她是什么表情?"

"她哭了,好伤心。"

"哦,了解。那你前妻现在的状况怎样,再婚了吗?"

"没有,一直单身。"

"哦,继续观想她,看着她,对她说出你现在的想法。"

"我想复婚,我改。我想复婚,我改……"一会儿,他的脸舒展开来，有些兴奋地说，"我看到了，看到了她走过来，拉着我。她原谅我了！"

我提示他继续观想这一些，让自己在这种感受中多呆一会儿，直到自己觉得可以了。

良久，他深深地吸气，缓缓地吐气，慢慢地睁开眼睛，回到现在。

"老师，好神奇，喉咙不痒了，浑身轻松。近十年来没有这么轻松过！"他惊喜地说。

"好啊。知道问题的根儿在哪儿了吗？"

"知道了。把心思用错了地方，以为那样才能找到男人的尊严。"

"那是男人的尊严吗？"

"不是。其实是空虚，失落。"

"真的是空？是虚吗？"

"那是……？"

"如果真的空了，虚了，你就装得下东西了，就不会失落什么了。问问自己，你都装着些什么？"

"其实是自卑，不自信。"

"为什么自卑，不自信？"

"其实是心量小了。总觉得自己是农村的，家里条件差，容不得一点委屈。"

"谁在给你委屈？"

"其实是自己。"

当他说出自己这两个字的时候，眼睛一下子明亮了许多。他长长地舒了口气，露出了自信的微笑。

"知道下一步该怎么做了吗？"

"下星期就去找她,向她忏悔,诚恳地向她提出我的想法:复婚。"

他开心地说着,带着几分羞涩,几分憧憬,仿佛要去与初恋的情人约会一样。

疗愈，需要彻底

她说，自己已经两次离婚，现在处了新男朋友，认为自己遇到了真正的真命天子，到哪里都如影随形。但是每当自己向男友提出去领取结婚证的时候，男友总是说：现在经济状况不理想，我不能给你想要的生活，等等吧。她很害怕像前两次婚姻，如胶似漆地开始，无可奈何地结束，她不知道该如何处理当下的关系。

很多婚姻失败的人都把原因归咎于对方，自己很不幸，到处算卦问卜。她也不例外，尝试过很多方法，还是摆脱不了失败和痛苦。她希望从老师这里找到一个灵丹妙药，让他们能够永远幸福，白头到老。

"我这里没有灵丹妙药。"我对她如实地说。

"那在哪儿呢？"

"在你那里呀。"

"我这里？"

"是呀。"

她一脸的不解，迷茫地看着我。

"你以前的男人，都有些什么共同点？"

"这个……"她想了一会儿，说："花言巧语，很会关心人，但不负责任，很快会喜新厌旧。"

"那现在的男朋友呢？"

"很会说，很体贴人。但是……"

"怎么了？"

"他不是那种人。"

我没有反驳她，也不需要给她现有的男朋友定性。因为热恋中的人往往会被一个固定的模式罩住，任何的说辞都会苍白无力，且多余。

我带着她进入到潜意识，从她找的男人的共性开始回溯。

慢慢地，在她三十多年的生命历程中，一个让她回忆起来就恨，甚至不愿提及的男人出现了：她的爸爸。

她的爸爸和妈妈都是一个剧团的演员，在自己五岁多一点的时候，爸爸喜欢上了一个阿姨。不管妈妈怎样哀求，爸爸还是狠心地离开了家。妈妈带着她长大，在自己幼小的记忆里，妈妈总是会骂爸爸是个骗子，用花言巧语骗了她，是个负心汉。妈妈还说，男人没有一个好东西。

她对爸爸的印象就这样定格在了那里。她恨自己的爸爸，恨那些花言巧语的负心汉。长大后，她希望自己找的男人绝对不要像她爸爸那样。

可命运偏偏给她安排的男人就和她爸爸一样！你越恨什么，在生活中就会出现什么，除非你理解，接纳，化解，穿越。

"你真的了解你父亲吗？"

"你真的了解你母亲吗？"

"你了解你父亲和母亲为什么不和吗？"

"你为什么会吸引到和你爸爸一样的男人？"

第一次沟通结束的时候，我连续向她问了四个问题，要求她继续做至少三次以上的沟通，挖掘和消除更多的种子。但不知何故，她只做了一次后，便不再联系。

直到一年后，她打来电话，诉说自己认为是真命天子的那个男人，脚踏几只船，被自己发现后，无奈地分手了。

她终于醒了，用三次失败的情感经历唤醒了自己，但并不晚。

疗愈，需要彻底。

问题中的问题

她是一名职场女精英,练达而知性。

她说,女儿大学毕业后,没有要父母早为她安排好的工作,而是和男友一起创业。她对这个未来的女婿看不上,不同意女儿和他交往。女儿不听,母女见面就吵,关系到了破灭的边缘。后来,女儿干脆和男友私奔了,连她的电话也不接了。

她一边诉说和女儿的关系,一边又抱怨单位的人际关系复杂,又是感叹升职的无望。总之,她的当下,一切不如意。

"还有哪些不如意的?"我问。

"父母亲年纪大了,还像年轻时候一样,争吵不断,也不让人省心。"

"了解。还有呢?"

"……"

她觉察到了什么,欲言又止。于是,我问道:

"你现在最大的愿望是什么?"

"辞职。"

"哦?"这个回答有些出乎意料,"为什么呢?"

"周围的那些人素质太差,不想与他们为伍。"

"怎么讲?"

"评职称，靠关系。评先进，靠拉票。分奖励，也争个不休。拉帮结派，窝里斗。唉，真想离开这样的地方。"

"你做什么职业？"

"人力资源管理。"

难怪她一下子喷出那么多问题，都与自己的本业有关。我顺势问道："既然你做人力资源管理，那这些问题正好在你的业务范围解决啊！"

"人性的东西哪有那么简单。我学的只是条条框框，根本不管用。"

"哦。"我接着前面的话题，继续问，"想好了要离职吗？"

"想好了。"

"即使是离职，也需要和这种负能量做个了结。"

"好的。"

我要她闭上眼睛，引导她深呼吸，慢慢地放松身体，进入到自己的内在。

"把你最不想看到的人和事观想在面前。可以吗？"

"可以的。"

"看到什么，把它讲出来。"

过了好一会儿，她露出很惊讶的表情："奇怪！眼前并没有出现同事们的样子。"

"哦。那看到什么就是什么，不要刻意寻求什么。"

"女儿。"

"哦。继续。"

"女儿一脸不开心，不理我。"

"哦。看着女儿的脸，只是看着，不要离开。"

"她很伤心，不停地留泪。"

"如果有一句话送给女儿，这句话是什么？对她说出来。"

"离开这个男孩，他是个妈宝男，不会有出息的！"她在说这句话的时候，带着愤懑，带着火气。

我让她重复这句话，直到感觉女儿听到为止。

她不断地重复着，越说越激动。

"女儿听到了吗？"

"听到了。可女儿拼命地反驳说：不是，不是，他不是那种妈宝男！"

"了解。观想这个男孩，把他观想在面前。"

"嗯。"

"看到了吗？"

"看到了。"

"看着他的脸，只是看着。"

"嗯。"

过了一会儿，她显示出非常诧异的样子，好像在怀疑什么，又好像在努力看清楚什么。

"怎么啦？如实表达出来。"

"奇怪，怎么变成了老公的脸？！"

"哦。继续。"

"是老公，是他。整天又是抽烟，又是喝酒的，每天都喝得醉醺醺的回来。"

她一边说着，一边不停地打嗝，似乎装满了一肚子的委屈要吐出来。

"看着他的样子，想对他说什么吗？"

"不。"

"想对他说什么吗?把你藏在心底的话,对着他说出来,这是一个极好的机会。"

"不想说。我好累……"她的眼泪不停地流淌,似乎是要冲洗掉这么多年积累起来的不满,不甘。

我继续引导,她才开始面对。

她说,她和老公的结合,完全是双方父母的搓合。双方父母是很好的朋友,都有很好的单位。刚好自己的父母有女儿,另一方有儿子,年龄又相仿。他们想结成儿女亲家,认为门当户对,也希望儿女们结婚后能传承父辈的友谊,好上加好。

她和老公第一次见面,并没有看上他。总觉得他不阳刚,像个妈宝男。但拗不过父母苦口婆心地相劝,又怕伤了父母的心,于是,她怀着父母叮嘱她的"感情是培养出来的"想法结了婚。没想到,这一培养就是二十多年,他们两个根本合不到一块去。

原来,看不惯同事,看不惯女儿的对象,看不惯周围的一切,都源于一个看不惯的另一半。只是,这个看不惯,深深地藏在心底,难以启齿,难以面对。

好在,终于找到了真正的问题。唯有面对,才能好好地梳理,重新开始。

陈世美的冤情

助理在《个案信息登记表》中的诉求栏写道：

诉求一，她遇到了现代版的陈世美，被前夫抛弃，几年了仍然走不出来。她恨死了那个陈世美。

诉求二，她从小到大有严重的呼吸系统疾病，常常有窒息感。尤其是晚上，往往会有窒息的感觉。多方求治过，均无法改善。

现代陈世美

她是带着无比的期待来做个案咨询的。坐下来没有说上几句，她就声泪俱下，诉说自己遇到了现实世界的陈世美，怎一个恨字了得。

她是名牌大学毕业，是品学兼优的天之骄女。前夫只是一个高中生，做销售的。他们谈恋爱的时候就遭到了家人的极力反对，都认为前夫是癞蛤蟆吃天鹅肉。她母亲为了阻止女儿，甚至以死相逼。但她毅然决然地冲破重重阻力，远离父母，和前夫结婚。

结婚头两年，小俩口过得十分恩爱。但好景不长，随着孩子的出生和逐渐长大，他们的分歧越来越多，争吵不断。

在孩子七岁左右的时候，她突然发现了一个让她崩溃的秘密：前夫瞒着她，在外面有一个女人，并且生下了孩子！

她无法呼吸，无法面对现实。她说，前夫就是典型的忘恩负义的陈世美！

呼吸系统的老毛病更重了，她常常半夜里因窒息而醒。她一病不起长达三个月。

稍稍好一些后，她坚定地选择了离婚，成全了那个插足的女人和无辜的孩子。

她以为凭借自己的能力可以重新开始，走出阴霾。但三年过去了，她反而越来越伤感，越来越觉得被欺骗了。她不服，不甘。她无数次在内心呐喊：陈世美，这个天打雷劈的陈世美，为什么偏偏是我遇到你？！

最恨的人

我带着她慢慢地呼吸，调理。让她慢慢地回归到自己的内在，去觉知那个未知的自己。

"把你最恨的那个人观想在面前。"我引导她从更深的层次去挖掘恨的根源。

"嗯。"

她轻轻地应着，努力在脑海里去调取那个陈世美的影相。可是一会儿后，她闭着的双眼里，两个眼珠不停地翻转，满脸露出疑惑的表情，显得焦躁不安。

"怎么了？观想到了吗？请如实地讲出来。"

"好奇怪！居然观想不到前夫，倒是看到了我妈妈。"

"哦，了解。不要有分别心，观想到谁就是谁，不要做主观的选择。"

"可是，我最恨的是那个陈世美呀！"她还是用大脑极力地寻找她以为的东西。

"理解。现在观想到的是妈妈，就是妈妈。你只需接纳，继续观想她，讲出你看到的任何场景和事件。"

再一次调整呼吸后，她进入到更深层次的意识。小时候的一幕幕，像电影一样再现。

她说，她看到了三岁左右时的自己，她抱着妈妈的腿，哭着说："妈妈抱。"妈妈好像没有听到，没有回应她，自顾自地去厨房，去菜地，去喂她的猪。她还看到妈妈和爸爸吵架，妈妈跺着脚，挥舞着手指头。她不明白为什么，她只看到爸爸气得鼓鼓的，干脆拿了把铁锹出门去了。后来，她看到妈妈丢下她，拿着锄头也去了农田里。

她回溯着，眼泪像掉了线的珠子流淌。

她觉得自己不被理会，好孤单好孤单。她的头埋得很低很低，身子蜷缩起来。

她说，她看到了家里的黄狗狗向她跑来，那是她最好的玩伴。它可以和自己打闹，可以一起奔跑，可以抢自己吃的，但是好开心。

她回溯着，脸上露出了淡淡的微笑。

突然，她浑身哆嗦着，大声尖叫起来："啊，快救我！快救我！救命啊！"

她双手向上不停地抓着什么东西，呼吸急促，好像是要窒息一般，表情惊恐、难受。

"了解，你是安全的。继续观想，说出你看到的。"我一边护佑着她，一边引导她继续穿越过去的卡点。

"我掉到水里了,不能呼吸。我快要死了!妈妈,妈妈,救救我!妈妈,你到哪儿去了呢?怎么不管我了?!"

她大声地哭喊着,演绎着被水淹没的状态。她的身体拧巴着,呼吸极其困难,好像马上要淹死的样子。

"你是安全的。继续。"我紧紧地叮嘱。

她说,她看到了黄狗狗跑过来,汪汪地叫着。她拼命地抓取,抓取。终于,黄狗狗咬着她的衣服,把她拖到了沟边。

好久,她慢慢地平静下来,呼吸平缓。

她呆呆地说:"妈妈还是没有来,只有狗狗陪着我。"

我引导她用光照耀着那个小孩,温暖着那个小孩。直到她看到那个小孩开心起来,和自己融合在一起。

控制不是爱

结束这段回溯,她慢慢睁开眼,惊讶万分:"老师,我怎么突然想到这个经历?"

我让她觉知一下此时此刻身体的感受。她深深地吸口气,慢慢地吐出。更加惊讶地说:"呃,我从未感觉呼吸如此畅通,空气好像都是甜的!"

"明白了点什么吗?"我点化她。

她忽闪着眼睛,突然惊喜地说:"莫非我从小到大的窒息感与淹水有关?真的太神奇了,您疗愈了我的顽疾!"

没等我回应,她又补充说:"对,我记起来了。妈妈曾经给我讲过,说我小时候淹过三次水,都差点没命了,是我命大!"

"嗯,了解。你再想想,用几个词概括一下回溯的整个过程中,你的情感是怎样的?"

她略有所思，回答说："缺爱，孤单，害怕，没有安全感，抓取，窒息。"

"很好。这几个词是否贯穿在你的生命历程中，特别是婚姻关系中？"

她再次陷入沉思，不一会儿，泪水倾涌而出。

她说，她从小缺爱，孤单，没几个朋友。大学实习期间，遇到前夫，前夫追求她，大献殷情，让她特别感动。她是第一次被人这么爱，也是第一次感受到了爱的神圣和美好。她父母越反对，她越是要抓住，丝毫不放手。后来，她干脆主动提出南下，远离父母，和前夫走到了一起。

可是，在南方这个灯红酒绿、流动人口占主导的城市，她有太多的担心和不安。她前夫是做销售的，嘴甜人帅，整天东奔西跑，接触的又多是靓姐靓妹。她必须管好他，控制住他，她不能让他跳出如来佛的手掌心！她规定：他每天必须给她打三次电话，发三条信息，报告他所在的位置，和做些什么事。除此外，她还要偷偷检查他的手机。

当有了微信可以拍视频的时候，她与时俱进，要求前夫拍照，拍视频，实时定位连接。有的时候，前夫少汇报一次，她就会坐立不安，胡乱猜测，并且要加罚他汇报次数。也因为这些，夫妻之间争吵不断，矛盾逐步升级。

她突然想起，前夫曾酒后对她狂吼："你这样控制我，让我窒息！这不是爱，我受不了了，我会疯掉的！"

但是，她毫不理会。她无数次信心满满地给自己鼓气：我是高材生，没有题目难倒过我。夫妻之间这点小事，只要坚持，就能完全控制。

现实却让她一步一步走向失控,直到今天的结局。

三个小时的沟通过去了,她已精疲力尽,不再流泪。她不再去想,自己是怎么侦察到前夫的秘密的,也不再翻看那些旧事来惩罚自己。

她学会了自我调理,深深地吸气,缓缓地吐气。她变得平和而安静。

"好好捋一捋,通过这次沟通,你明白了些什么?悟到了些什么?"我问。

她深深地吸了口气,缓缓地说:"我错了,真的是我错了。控制不是爱,是我把他逼出去了。唉,怨不得他。他本来就不是陈世美。"

她站起身,慢慢地走向窗户边,看向远方。似乎是告诉我,又似乎是自言自语:

"如果我是个男人,我也会选择离开。"

放过对方也是放过自己

离婚两年了,总幻想着复婚。他感觉前妻已经有人了,自己被欺骗了,很痛苦。

"怎么了,说说你的感受?"我开门见山地问。

"爱的越深,伤的越深。"他哀伤地回答。

"哦,谁受伤了?"

"孩子。"

"还有呢?"

"都受伤了。"

"说的具体一点?"

"我和孩子。"

"谁伤害了你?"

"嗯……"

"不需要思考,这不是考试题。你的头脑中出现的第一念头是什么就说什么,就是你内心最真实的声音。"

"自己伤害了自己。"

"哦,是真的吗?"

"……"他没有回答,只是轻轻地挪动着。

我让他闭上眼睛,深呼吸几次,慢慢地回归到自己的内在。

并要求他轻轻地连续地问自己："谁伤害了你？"

他说了不到几句，就长长地叹着气，不想继续说下去。

"你此刻身体的感受是什么？"

"热，烦躁。"

"嗯，了解。你想表达什么？"

"我觉得自己付出了太多，太多。"

"哦，都付出了哪些？"

"离婚的时候，几个房子全都过户给了她，存款也都给了她。我是什么也没有要。本想着她会传承给孩子，没想到……"

"怎么了？"

"我想接回孩子，她巴不得。"

"还有呢？"

"唉……"

"为什么财产都要给她？"

"我想，唉……别说了。"

"为什么不说？"

"不好说，都是我的错，想补偿她。"

"很好呀，格局很高嘛。补偿了就是补偿了，后悔什么？还想说什么呢？"

"我……"

"为什么不说？"

"脑子一片空白，什么也想不起。"

"把你所有的注意力都集中到脑子空白的这个地方，就看着这片空白，只是看着。可以吗？"

"觉得在旋转，还是空白，像糨糊一样。"

"了解。继续说说你想什么？"

"心里很乱。"

"了解。都想些什么？"

"她在做什么？打工吗？做公司吗？以前她可是什么事也不用做的啊，只是相夫教子。可是现在，她为什么不接我的电话？为什么不管孩子？还有……"

"还有什么？想到什么就说什么。"

"感觉自己被骗了。"

"怎么骗你了？"

"觉得她外面有人了。"

"哦，那是好事呀。你觉得她不应该吗？"

"唉……"

"怎么了？她不是离婚了，单身吗？她可不可以重新选择自己的家庭？"

"可以的。"

"再回到开头的话题，谁伤害了你？"

"唉，我自作自受。"

"明白了就好。你想怎么办？"

"放下自己。"

"好啊。"

"可是我做不到啊。"

"你当然做不到。你根本就没有抱着自己。"

"……"

"你始终抱着谁？放不下谁？"

"前妻。"

"干嘛抱着？放过对方，也是放过你自己。"

"哦！哦！"

他举起双手，长长地伸了个懒腰，发出哦哦的声音。仿佛松开了抓住对方的双手，获得解脱。

你拥有的时候，不一定珍惜。你失去了，却又舍不得放手。

放过对方，才能解放自己，更好地活出自我。

辫子情结

和老婆的关系遇到一个卡点,他总是希望老婆扎着辫子,穿中式的服装。老婆不愿意,还故意作对。两个人为此常常闹得不开心,他甚至怀疑老婆不爱自己了。

不爱扎辫子的老婆

"这是一个非常有意思的诉求。想想,你为什么总希望老婆扎辫子,穿中式服装呢?"

"我觉得她更适合这样打扮,更喜欢她这样打扮。"

"了解。那她是怎么想的呢?"

"她觉得我限制她,控制她。她希望穿潮流一些的,品味高级一些的。"

"发生这样的争吵,最后的结果是什么?"

"我认输。"

"你做得很好呀,男人就是要有包容心。"

"唉,我是无奈。每次告诫自己不要太多干涉老婆的衣着打扮,反省自己太小家子气,是自己的心胸太小了。但过不了多久,这样的要求又会重提,并且越来越强烈。"

"哦,这样的想法有多久了?"

"有二十多年了。结婚的时候,她是扎着辫子的,非常好看。后来发型完全变了。"

"二十多年来都要求她这样?"

"是的。会不时地表达出来。"

"什么年代了,是你太落伍了。"

"我也知道自己不合时宜。这样的反省不知道有多少次了,可是好不了多久,又会有这样的想法,要给她建议,不提出来难受。"

"举几个具体点的例子。"

"比如,我要她把头发留起来,扎两个辫子。可她偏偏去剪成齐耳的短发,硬是把人气疯。再有一次,我出差的时候,看到一个禅服品牌,觉得很适合她,便给她买了三套不一样款式的。幻想着她看到了会很兴奋,会穿出一身纯静的美。没想到,回家给她展示,她试穿后只是淡淡地说'挺好的',便挂在了衣柜。更没有想到的是,一个月不到,她全部送给了别人。她的理由是:人家穿着更好看。"

他一股脑儿诉说着,仿佛这一切才刚刚发生一样。他憋着气,却不知道根儿在哪。

"细细地体会一下,老婆没有按照你的建议打扮,甚至故意反着来,你的感受是什么?"

"失落,伤感。有时候,甚至觉得我们之间是不是没有了感情。"

扎辫子的老师

我引导他围绕着辫子去回溯过往的经历。

他回忆起,老婆扎辫子的时候,他的心情会特别舒畅,就像过节一样。

他回想起第一次见到老婆时的情景,眼里荡漾着满满的爱意。他说,她扎着两个长长的辫子,穿着一件对襟上衣,两只眼睛忽闪忽闪的,纯粹而清澈,自然而然。他的第一感觉是"好像在哪儿见过",为之怦然心动。

我继续引导他往更早以前的时间点去追溯与"辫子"有关的人或事。

不一会儿,他突然凝固了一般,好像碰到了什么卡点,愣在那儿。继而眼泪哗啦啦往下掉。

他说,他突然回想起小学三年级时的语文老师。他清楚地记得,开学第一天见到老师的样子:老师是位女性,大概二十岁左右,身材苗条。上身穿一件印花对襟春装,扎着两根长长的辫子,又黑又亮。两条辫子随着老师的走动一跳一跳的,像欢快的音符一样,特别惹人喜爱。

他是班长,学习成绩好,老师非常喜欢他。他也特别喜欢这个老师,他甚至觉得她是世界上最好的老师。

他特别喜欢上她的课。他在听课的时候,往往会盯着老师走神,他觉得老师有些像妈妈,又有些像大姐姐,还有的时候又觉得老师很特别、很特别,反正,有说不出的亲切感。

他慢慢觉得老师对他也是很特别很特别的。比如,他会跑到老师后面,去偷偷地摸摸老师的辫子。老师并不会批评他,反而冲他笑。再比如,他和同学玩闹犯了错误,老师只批评那个同学,而偏袒他。他感觉受到了从未有过的关注,感受到了从未有过的温暖。总之,在他幼小的心窝里,这个老师是最好的,最特别的,像妈妈又胜过妈妈的感觉。

可是有一天，老师突然的一巴掌，击碎了他所有的美好。那天，老师正在上课，他和同桌偷偷地玩起了纸飞机。老师发现了，怒气冲冲地从讲台上跨下来，快步走到他面前，没有问一下原由，就狠狠地给了他一巴掌。那一巴掌，没有缓冲，没有包容，没有偏袒，打得他眼冒金星。他愣在那里，眼里噙着泪花，伤心至极。他直直地盯着老师，心想：这是常常自以为对自己很特别、很特别的那个老师吗？

他的记忆定格在了那里。那个扎着长长的辫子，既像妈妈又胜过妈妈的老师，漂亮、温和、亲近，而又凶狠、威严和无奈。

他不知道后来的学期是怎么度过的。直到有一天，几个同学七嘴八舌地议论，说老师出嫁了，再也不教他们了。他那个时候还不太明白出嫁是什么，只是感觉再也见不到老师了，不禁增添了更多的伤感，更多的失落。

改变自己

他从回溯中走出来，积累已久的失落情绪释放了不少，脸上泛着红晕的光。

他静静地望着我，充满好奇地问：

"老师，我怎么突然回想起小学时候的这段经历？几十年前的事，早就忘得一干二净了啊。"

"哈哈，你的头脑忘记了，但你的身体始终还记得哦。"

"身体？"他不明白自己的身体也会有记忆。

"想想，你老婆打动你的第一印象是什么？"

"辫子。"

"你总希望老婆怎么打扮？"

"扎辫子。"

"老婆不听你的,偏偏要剪成短发,你为什么伤感?"

"还是辫子。"

"你对那个小学老师印象最深的是什么?"

"辫子。"

"为什么很平常的一巴掌,却对你有那么大的伤害?"

"应该有一种辫子情结。"

"让你欢喜,让你温暖,让你伤感,让你失落的是什么?"

"辫子情结。"

"明白了什么?"

"明白了。儿时的卡点并没有随着时间的逝去而消失,它一直都在影响我。嗨,真有意思。"

"有意思的还在后头呢!回去和老婆好好交流交流辫子心得吧。"

"好的。"

第二天,他给我打来电话:"老师,太神奇了。我向老婆提议,要她把头发留长,将来扎一对长长的辫子。她居然满口答应!这在以往是绝对不可能的事!不过,现在我有一种平和的心境,觉得老婆扎辫子也好,剪短发也好,都挺漂亮的!"

其实,你的心念变了,周围的一切都变了,甚至整个世界都随着变了。

离婚是道考题

妻子提出离婚,他不同意,希望能冉给他一次机会。他保证会好好珍惜,重新开始。妻子称已死心,不可能再一起生活。

至亲好友都来劝和,却没有任何效果。

与丈夫沟通

"你当前最想解决的问题是什么?"

"解决我们夫妻问题。"

"夫妻的什么问题?"

"她提出离婚,我不想离。"

"她为什么要离婚?"

"嗯……主要是沟通不畅。"

"可以说具体一点?"

"她不愿听我说话,总是感到烦,厌恶。"

"哦,明白。那其他原因呢?"

"嗯……"

"不管是主要的还是次要的,不管什么原因,都需要捋一捋。"

"我和另外一个女人有个孩子,已经六岁了,她发现了。"

他支支吾吾,吞吞吐吐地讲出了一个让所有的妻子都无法原谅的秘密。七年前的时候,他和自己的助理有了婚外情,他借故外出发展事业,带走了那个助理,偷偷生下孩子。

我让他回溯到七年前,去追寻使他产生婚外情的根源。这时,他眼里噙着泪水,伤心、无奈地追忆着一段痴迷的婚姻。

他原本在一线城市工作,在回家探亲的时候与妻子相识,他一见倾心。为了追到妻子,他舍弃了在一线城市的高薪,回到家乡发展,用真心打动了妻子和她的家人。

妻子家没有男丁,为了表白对婚姻的忠诚,儿子出生后,他主动让儿子随妻子姓,去承接妻子家族的烟火。哪怕因为这个,和自己的父母断绝往来也在所不惜。

可是,随着儿子慢慢长大,他和妻子的交流越来越少。他感到十分憋屈,只有忍,他搞不明白究竟为了什么。

我让他闭上眼睛,深深地呼吸,更加深入地回归到自己的内在,去看清楚自己出轨时段的情绪。

他说,每次回家,他都希望把一天的收获分享给妻子听。儿子没有出生时,妻子很乐意听他分享。儿子出生后,慢慢地不太理会自己,有时会很不耐烦,甚至嫌弃他啰唆。有一次,他一回到家,正想准备给妻子分享他的一个奇思妙想,却被泼了一瓢冷水:"你能不能不烦啊,爱讲给谁听就讲给谁听去!"

他以为付出越多,忍耐越深,获得的爱会越多。可现实却恰恰相反,不但没有被理解,反而愈加伤感,他已无助,无奈,无力。他把这个感受向他的女助理倾诉,而这个助理却能虔诚地倾听,并给予他慰籍。就这样,他找到了一个心灵的港湾,他出轨了,不久便有了孩子。

我让他用几个词概括那段时间的情绪。他说:"讨好,付出,隐忍，无奈，无助，找到慰藉。"

找到了婚外情的根源，我并没有就此结束。而是引导他继续沿着这几个情绪点往更早的时间去回溯。

他观想到高中的时候，和他非常要好的两个同学偷了考试试卷。老师经过查办，却认定是他偷的。他陷入极大的矛盾中，如果供出真正的偷卷人，那他就会失去朋友，可他不愿意失去朋友。如果自认偷卷，他很有可能会被学校开除，他承受不住。在一番痛苦挣扎后，他选择了自己承受，受到了学校通报批评，记大过处分。而那两个真正的偷卷人，不但没有感谢他，反而随大流与他这个有"污点"的人划清界限，越来越远。他陷入孤独和痛苦中，也因此严重影响到高考。本有希望考入重点大学的他却稀里糊涂地进入到一所一般的学校。

我让他用几个词概括这段时间的情绪。他说：讨好，怕失去，隐忍，事与愿违，无奈。

我引导他继续沿着这几个情绪点往更早的时间去回溯。

很快，他想起初中的时候，他和几个同学与其他班的学生打架，影响很大。老师要追查是谁先动的手。结果对方说是他，其实是他的一个同学。他为了和这几个同学相好，选择了默认。他心里总是翻滚着：我需要朋友，哪怕自己受罪。结果父亲被叫到学校赔礼道歉，自己则被父亲骂惨了，他的内心却选择了忍，忍。

我引导他继续往更早的时间去回溯，找有类似的事情。

不一会儿，他噙着泪水，回溯到小学四年级时候的一段经历。那时，他坐在窗户边，邻座的两个同学打闹，把他这边的窗户玻璃撞破了。老师居然没有调查，就批评他怎么没有管理好，把玻璃弄破了，要他赔。他没有交待是他的邻座打闹弄破的，他不能交待，他怕失去朋友。第二天，他撒谎向家里要了钱，买了玻璃安装上。

让他想不明白的是，同学们没有一个说他好，还嘲笑他傻瓜一个。

我引导他继续往更早的时间去回溯，去找类似的事情。

他进入到更深层次的意识中。他想起幼儿园升小学的时候，他妈妈拉着他到老师办公室，质问老师：同龄的孩子能上小学，他为什么不能？老师说他没有考试。可他明明考了的啊，正想反驳，却看到老师的眼睛瞪着他。他怕妈妈和老师吵架，他不愿意看到那样的场景，他不能反驳，选择了默不作声。结果回到家里，妈妈把老师的话告诉了爸爸，自己遭到了爸爸一阵痛打。

他挪了挪屁股，似乎屁股还在作痛，眼泪像掉了线的珠子往下淌。

我引导他深呼吸，慢慢地从潜意识里回到现实中。他清晰地记得刚才所回溯的那一幕一幕。

"总结一下，从幼儿园，到小学，初中，高中，每一件事里你的心念有什么特点？"

他声音低缓，一字一字地说道：

"我怕失去，我需要朋友，需要爱。我选择了忍受，付出。可我还是没有得到。我好无奈，无助啊。"

"那你从中悟到了什么？"

突然，他打了一个激灵，眼睛放出光来，惊讶地说道：

"我一直奉行的价值观是宁可人负我，不可我负人。可我已变得毫无原则，毫无自我。太可怕了！"

"那你应该怎么样？"

"我要做回自己，做真实的自己。我要敢于表达，活出自己！"

他抖擞抖擞身体，举起双手，长长地伸了一个懒腰，"啊，真轻松！"

与妻子沟通

因为有之前对夫妻俩的简单交流，所以我就直接问这位妻子："你们夫妻之间的最大障碍是什么？"

"不存在夫妻关系，早就名存实亡了。"

"哦，那是什么原因引起的？"

"一个人就够了，干嘛需要另一个！"她有气在冒着。

"一个人就够了，这话怎讲？"

"家里的开支由我一个人赚钱支付。房子由我买，装修也是我操心。还有孩子上学，供养老人，都是我一个人撑着。我已经习惯了一个人。"

她始终绕开话题，不去正面回答真正的问题。

我让她闭上眼睛，引导她进入到自己的内在，放下大脑层面的东西。她的眼睛不停地跳动，时不时睁开，望望我。又望向天花板，再闭上。很显然，她的内心躁动不安。

十来分钟后，她才平静下来，能清楚地觉察自己的呼吸。

我让她把自己的样子观想在面前，出现的任何一个样子都可以。

她说她看到了自己，是结婚之前的自己，扎着长长的辫子，满面笑容，青春靓丽。

她嘴角泛着微笑，完全沉浸在十多年前的岁月中。

我让她仔细地凝望那个自己，看着她的脸，再聚焦在她的眼睛上。

不一会儿,她的眼角流出泪水,开始抽泣。她说她又看到了现在的自己,蓬头垢面,哭丧着脸,一脸的委屈。

我让她细细地端详这张脸,深深地看着这双眼。

她放声大哭起来。

她终于说出了她无法面对的秘密:她老公在外面还有一个女人,和这个女人生下了一个儿子,都六岁多了。这个女人她认识,是她老公以前的员工。她说她真傻,别人都把孩子养大了,自己才知道。

"理解。在发现这件事之前,你们夫妻之间最大的障碍是什么?"我再次提出前面提到的问题。

"很少交流,我不愿意听他唠叨。"

"都唠叨些什么?"

"单位的事,陈芝麻烂谷子的事,好高骛远的事。"

"那以前呢?你们结婚之前呢?"

"唉,那时候真好,我们无话不说。"

"都说些什么?"

"……"她动了动嘴,却没出声,她突然疑惑起来。

我引导她回溯到八年前,她和老公之间发生了什么。

孩子出生之前,她老公回家后总是和她分享他的奇闻趣事,人生感悟。她觉得老公上知天文,下知地理,见闻广博。她总是带着敬佩的眼神看着他,听他娓娓而谈。

孩子出生后,她把所有的精力都放在了孩子身上,她觉得孩子是她的唯一。而老公还是一如既往地沉浸在自己的世界中,却并不知道孩子的事有多烦琐,带孩子有多累。慢慢地,她开始烦老公，嫌他唠叨。

一样的话题，一样的人，味道却变了。

终于有一天，老公下班回家后，不识趣地继续与她分享。她正打理着孩子，老公在一旁却不知道帮忙。她大声嚷起来："你烦不烦！到一边去，你爱跟谁唠叨就跟谁唠叨去！"

那一次，老公没有再忍让，而是愤愤地甩门而去。那一晚，老公没有回来。从那以后，老公少有声音，他们之间树立起了厚厚的一堵墙。

"我不愿听，不愿听……"我让她不断地重复这句话。她说着，声音硬挺，饱含着不满。这么多年，她就是用这句话打发着老公，直到她听不到老公的声音。

我让她把这句话反过来体验，"老公，我愿意听。"

可是，她根本无法开口。她烦躁地挪动着身体，竭力去逃避。几次引导，她都不愿开口。

"你现在明白了问题的根源在哪，你需要一个决断。"我紧紧地盯着她。

"我还是无法原谅他。"

"那想怎么办？"

"……离吧。"她终于挤出两个字。

"好的。明白。"

我让她观想和老公一起去民政局办理离婚手续，去实现自己的心愿。她看到老公伤心的样子，看到了无奈的自己。她说，她也迈不开腿。

我让她观想离婚证书，她想要的解脱。她的脸涨得通红通红，突然大声哭喊出来：

"我也不想离！我也不想离！"

"你想怎么样？"

"老公，我错了！我愿意听你唠叨！"她终于放下一切，大喊起来。

当她重复地喊出这句话后，慢慢地，她平静下来。面色红润，充满光泽，嘴角也泛起微笑。

沟通结束的时候，她睁开眼，惊讶地望着我，带着几份羞涩地说：

"我愿意改。"

甜蜜恩爱的夫妻，过着过着，不知道什么时候已形同路人，甚至如同仇人。我们往往停留在相互的指责和抱怨中，彼此煎熬着，很少有人静心地去寻找那颗早已埋下的种子。更难以回看自己，看清楚自己。

夫妻是来彼此成长的。烦恼、痛苦、离婚是变换了的考题，促使你成长。只不过，离婚，是夫妻之间的最后一道考题。

真改自己

他说,他们夫妻之间总会为一些小事争吵,闹得极不愉快。每次都以他认输告终。他非常羡慕那些不吵架的夫妻,他不知道该怎么办。

"你见过不吵架的夫妻吗?"我问他。

"没有。"

"既然没有不吵架的夫妻,何必不接纳当下这种状态,平静地面对矛盾?"

"可是,别人吵得很少啊!"

"海面有时候平静得出奇,却暗藏急流。你看到的都只是表像。"

"哦。"

"即使别人家表面和实际一样和睦,那也是别人的,羡慕得来吗?"

"不能。"

"与其外求,不如内观,好好反省自己。"

"我也是这样做的啊,老师。每次争吵过后,都是我认输。"

"既然有输,必然有赢,就会有对错,是吧?"

"是的。"

"你表面认输了，内心呢？认错了吗？"

"没有。"

"想想你们争吵时，所站的角度一样吗？"

"不一样。"

"站在各自的角度看，是不都是对的？"

"是的。"

"知道自己错在哪儿？"

"我是站在自己的角度，去评论对方的对错。"

"很好，终于知道错在哪儿了。"

"可是，我连解释都难，越解释老婆越生气。"

"哦，体会一下，解释的背后是什么逻辑？"

"还是想表达我是对的。"

"哈哈，你觉得她不会生气吗？"

"明白了。老师。"

"明白了什么？"

"其实，事情没有对错，只是站的角度不一样而已。"

他一下子轻松了很多，以为谈话结束，想起身。接着，我问了一个题外话：

"你的心脏有问题吗？"

"哎哟，还真有点问题，有时候会感到心慌。老师，你怎么知道的？"

"你不是总在认输吗？"

"是的。总是我认输。"

"你是认输，还是忍输，体会体会？"

"这个……应该是忍吧。"

"既然是忍,伤在哪里?"

"哦,伤在心里。"

"男人是要肚量大,可你装的是什么?"

"忍字。"

"再大的肚量,装多了伤人的忍字,终究要伤的,对吧?"

"是的。"

"那应该装什么?"

"理解,觉醒。"

"OK(好的)。这种东西再多都不会受伤,对吧?"

"是的。"

"非常好的觉知。从头到尾再捋一捋,要怎么办?"

"哎呀,真的是自己错了,真要改自己啊!"

夫妻出现矛盾后,请记住三条方法:第一,不要尝试着去说服对方。第二,千万不要去说服对方。第三,永远不要去说服对方。

你唯一要做的就是回看自己,改自己。

身体知道答案

她离婚多年,独自生活,前夫也没有再婚。转眼儿子大了,早过了结婚的年龄,却不想步入婚姻的殿堂。为了儿子的婚姻着想,她想回归家庭,可前夫不愿意。毕竟是自己提出的离婚,现在左右为难,既懊悔,又焦虑。

"你当前最想解决的是什么?"

"回归家庭,给孩子一个完整的家。"

"哦,挺好的。为什么现在有这种想法?"

"孩子总是不谈朋友,对结不结婚看得很淡。我想应该是父母离婚影响了他。"

"孩子多大了?"

"三十都过了。"

"孩子有独立的想法吗?"

"很独立的,他一直在外地工作。"

"你想回归家庭,是你自己的想法,还是孩子提出来的?"

"孩子应该希望有一个完整的家,他总是不想谈恋爱,更不想结婚。"

"是应该,还是肯定?"

"这个……"

"你的想法与孩子沟通过吗？"

"没有。"

"也就是说你的想法是自己的一厢情愿？"

"唉，是的。"

"是否与前夫复合，得看你和他的感情是否契合。"

"我不知道该怎么办。"

我引导她深呼吸，进入到自己的内在。我让她把前夫观想在眼前，任何样子都行。她的眼皮总是在不停跳闪，身体不安地挪动着，快十分钟仍不能静下来。

"可以观想到前夫的样子吗？"

"不能。心乱得很。"

"继续观想，同时觉察一下身体的感受。"

"嗯。"

"一方面观想他，同时觉察感受。感受到什么了吗？"

"不能观到。一想到他，就肚子痛，隐隐地作痛，还有些恶心的感觉。"

"你对前夫还是有很多的怨和恨。"

"是的。接受不了他跟别的女人在一起的感觉。"

"那你的身体接受不了这种感受，又怎么可能与他复婚，重新在一起？"

"那我该怎么办？"

"别用自己的想法替孩子着想，先把自己活轻松，活明白吧。你的改变会影响到孩子的变化。"

"好的，老师。"

第三章

读懂父母是最好的孝

所谓的孝养都是表演给别人看的，自己成了主角。真正的主角，他们的台词早被嘈杂的市井声淹没。他们只能沉默，无可奈何地退去。父母永远不会告诉你他们真正的需求，除非你去读懂他们。

噩梦

在一次集体疗愈课上,一位八十岁的老妈妈听得非常认真,她跟随老师一起冥想,一起做功课,会不时地传出打嗝的声音。她和年轻学员一样上、下课,并不要特殊的照顾。在学员分享环节,她还主动分享,说是心里头轻松了很多,从没有像现在这样轻松过。

分享完,我问她:

"您的身体有些什么疾病,或者说有哪些不舒服的吗?"

"其他都还好,吃得喝得,就是睡不得。"

"哦,怎么睡不得啊?"

"一睡觉就做梦,全是噩梦。"

"哦,都梦到什么了?"

"梦到的全都是那些死了的人,他们还要拉我去玩。我才不去呢!就想赶走他们,但是怎么赶都赶不走,还是缠着我!"

学员们都笑了,好奇地望着她。在民间,有一种说法,经常梦到和死人在一起,代表身体有疾病。更不能随着死人的召唤而去,否则,会真的死亡。

"您怎么赶呀?"

"找棍子打!哈哈哈!"老妈妈说这些的时候,充满了力量。

她还有些得意,继续说:"后来,我想了个法子,睡觉之前放了一把剪刀在枕头边。"

"干什么用呢?"

"那些死鬼再来,我就用剪刀刺他们!"

"哈哈,很好的办法啊!"

真有点佩服老妈妈的想法,其他学员也对老妈妈点头称赞。

"有效果吗?"我继续问。

"头几天蛮好,睡得很好。但后来不灵了。"

"哦。"我故意显得有些失望,但接着问道:"老妈妈,您怕不怕死?"

老妈妈一听,立马反击过来:"怕个鬼哟!我都八十岁了,还怕死?!"

其实,老妈妈真的怕鬼,也怕死。

我没有反驳,而是调转了一个话头:"老妈妈,想睡得香吗?"

"当然想啊!"

"那就做个功课,坚持做就好了。好不好?"

"什么功课?"

"先答应了,我才告诉您,心诚则灵嘛。"

"那好呗。"

我让她闭上眼睛,引导她调整呼吸,进入到自己的内在。

"您要不停地说:我怕死,我怕死,我怕死。"

"嘿!"老妈妈没想到是这句话,有些不服,张了张嘴,又停下来。

"老妈妈,说好了要做的哦。"

我继续引导老妈妈深呼吸。她很快进入到更深的意识里,开

第三章 读懂父母是最好的孝

始不停地说:"我怕死,我怕死,我怕死……"

刚开始,她的身体非常紧张,哆嗦。我不时提醒她,她是安全的,要她继续。大约五分钟后,她平静地睡着了。

体验课结束的时候,老妈妈也醒了。

"您做梦了吗?"我问道。

"没有,睡得好香!"

"晚上睡前继续做功课,好吗?"

"好!"老妈妈尝到了甜头,答应得也快。

我还不忘提醒:"身体有任何感受都顺其自然,不要刻意压抑或逃避,整个功课您是安全的。"

"好的。"

第二天的课上,老妈妈抢着第一个分享:

"嘿,那还真是个怪事呢,太神奇了!晚上做了十分钟的功课,身体刚开始紧张,哆嗦,流了点汗。后来平静了,居然一觉睡到了早上七点钟才醒!睡得真是鼾是鼾,屁是屁。几十年都没有睡这么好的觉了,嘿嘿嘿。"

其实,承认自己,不遮不掩不藏,问题已经解决一半了。

超度

2020年过得太难了。

她的父亲母亲都已八十多岁，在医院住院的时候恰好遇到新型冠状病毒感染疫情，并感染病毒，相隔不到一个月的时间先后去世。由于管控严格，她没能去见上父母最后一面，更没有尽孝。等到新冠病毒感染疫情缓解的时候，见到的却是父母的骨灰。作为女儿，一年来深深地自责、懊悔，不能自拔。

她来咨询的时候，面色暗黄，声音低哑，有气无力。她陈述自己的境遇时，只要提到父亲、母亲这两个称呼，都会哽咽。她不停地表达，自己非常虔诚地信佛、礼佛，也给父母亲上供、祭拜、超度。但自己还是走不出来，被痛苦折磨着。

我引导她深深地呼吸，放松，让她观想父母亲的样子。但她说观想不到。她开始抱怨自己，说对父母亲的离世那么伤心，可是连他们的样子也观想不到，是不是因为不孝，父母亲还在责怪她？

我提示她不要刻意想，要以平常心，平等心，只是观想，只是观想。不一会儿，她说看到了父母亲的样子，但是很模糊。我说"好啊"。她不满意，仍然用她强大的大脑观想，非要像看到照片一样清晰才放心。

"放下你的执念。"我提示她。

"可是我看不清啊。"

"看不清没关系,模糊就模糊。你只要接纳这种状态即可。"

"那他们一定是受了很多苦,会不会是在地狱里,才不肯呈现在我面前呢?"

"想多了。你只需观察,观察,同时觉察身体的感受。"

"可是,我觉察不到身上有什么特别的感受啊。"她说着,依然流着泪。

"流泪是不是一种感受?"

"嗯,是的。"

"不要刻意追求什么特别的感受,你只需要以平等心观察,只是观察。"

她沉浸在感受中。

三十多分钟后,她早已没有了眼泪。当引导她从观想中回到现实时,脸上已经泛起了红润。

她欣喜地说:"好奇怪,轻松了好多。"

"既然你学佛,相信有天堂和地狱吗?"

"相信。"

"那你是希望父母亲上天堂,还是下地狱?"

"肯定是天堂。"

"那怎样才能让他们上天堂?"

"祈祷,祝福。"

"什么样的行为是祈祷和祝福?是嘴里喊着祈祷,心里装满痛苦、自责吗?"

"不是。"

"那应该怎样?是天天哭丧着脸,拽着你爸爸妈妈的衣服,忏悔吗?"

"也不是。"

"那该怎样?"

"接纳一切,放下。"

"OK,转念吧。你的父亲、母亲用他们特殊的方式,在没有给子女增添负担的情况下,悄悄地告别了这个世界。多么仁慈的父母啊!感恩吧,祝福吧,放下你的父母,让他们开心的扬升,到达天堂吧!"

她破涕为笑:"原来可以这样想啊!"

"你说呢?"

她微笑着点头,不觉中挺直起了身体。

放下,是对已经逝去的亲人最好的超度。

读懂父母是最好的孝

他带着母亲前来咨询。和许多没有条件赡养老人的家庭不一样，他在大城市里工作，条件比较优越。他特地回老家请母亲到城里养老，可老人家怎么也不愿意去。在老家，老人一个人居住，作为儿子的他怎么也不放心。

他希望老师能疏导一下老人家，遂他的孝心。

需求

我用手诊的方法给老人做了一遍检查，感觉没有大的疾病。于是对她说：

"恭喜您，老人家，身体还挺好的，没什么大毛病。"

"那好那好。上个月刚做了体检的，医生也是这么说的。"老人家很高兴。

"不过，您有太多的不开心，有什么事想不开呀？"

老人家一听，像被电流击中了一样，瞬间鼻子酸酸的，眼圈红红的，泪水夺眶而出。

在一旁的儿子说："老师，我妈妈最大的问题就是不开心。我带她去了好多地方旅游，可她还是开心不起来。我们平时也劝她，要她开心点，开心点，可她还是不开心。我实在不知道该怎么办。"

"哦，了解。"我转身问老人家："您在想什么？愁什么呢？可以说出来吗？"

老人家叹了口气，说出了她的心事。

原来，她老伴在五十多岁的时候去世了，由于在世时两个人的感情很好，她始终没有走出老伴去世的阴影。二十多年来，尽管儿女们很孝顺，给她的物质条件很好，但老人家的这种不开心没人读得懂。甚至是儿女们给的物质条件越好，越孝顺，老人家越会冒出一个念头："要是老伴活着那该多好啊！"

她总觉得老伴没有享到福，把孩子们的心都操完了，正要享福的时候，却走了。

老人家诉说的时候，还是那么的悲伤。

于是，我向老人家问了一个不需要回答都知道答案的问题："老人家，您是希望老伴到天堂，还是到地狱？"

"那肯定是天堂啊！"她回答得很快。

"您觉得要上到天堂的话，是越轻松越容易到，还是背着沉重的包袱容易到？"

"那当然是越轻松越容易到啊！"

"您理解得太好了。可是，您对老伴的思念，每当想起他的时候，就忧一次，哭一次，好比您把老伴往下拽一次。您总是这样拽着，您觉得您老伴上得了天堂吗？"

"唉呀，我懂了，我尽干傻事！"老人家领悟得非常快，有如醍醐灌顶，并且作出了决定："我再也不干这种傻事了。"

在一旁的儿子说："哇，这个方法好，我们怎么没有想到呢？我们总是劝她，别伤心别伤心，父亲死了快二十年了，还伤什么心呢？可是怎么说都没有效果。"

我们对于生和死太缺少了解，都希望逝去的亲人上到天堂。因为坚信天堂里不再有病痛，不再有苦难。我们不需要讨论究竟有没有天堂，有没有地狱，那是哲学家们的事。但我们这种向好的念存在呀。唯有对逝去的亲人祝福，祝福他们上天堂，心里才会安定，才会放下。

老人家明显轻松了很多。我又问她："您喜欢在哪儿住呀？"

"老家。"

"好啊，您到城里住过两三个月再回去，可以吗？"

"不不！"老人家连忙摆手，但又补充说："住两三个星期就够了。"

这次，儿子不再劝了，说尊重老人家的意见。要是以往，他还要不停地劝导，好像母亲不到城里长住就是自己不孝敬一样。

读懂老人的需求，才能更好地孝敬她。

回归

看到儿子同意了她的想法，老人家非常开心。我趁热打铁，问："老人家，教您一个功课，愿意做吗？"

"功课？什么功课？"老人家眼睛瞪得大大的，充满好奇。

"学做冥想，叫做'水光浴'。您闲下来就做，它的作用就是让您非常安静，非常舒服，还可以祛病。"

没等老人家回答，儿子阻拦道："那不行，老师。我妈妈听不懂的，她没怎么读过书。"

我并没有回应她的儿子，继续对老人家说："您听不听得懂，理不理解没关系。您只要跟随语音提示做，就好了，非常非常简单。只要做，慢慢地您的身体就会有感觉，有反应。身体比我们的大脑直接，不会拐弯抹角。我想，您会喜欢的，也会做到的，是不是？"

老人家轻轻地点了点头，露出了自信的微笑。

我并没有就此结束，继续笑着对她说："老人家，给您一个任务。"

"任务啊？只要我能做到。"

"您不光要自己学会，还要当老师，教给您村子里的那些老伙伴们。可以吗？"

"可以，这个可以。"老人家很快就接纳了。

我们总是有一些偏见，认为冥想、禅休、灵性之类的东西，要有知识的人才能学，或者是年轻人才能学。认为老年人，特别是农村里的老年人，他们没文化，接纳不了这些玄而又玄的东西。

其实，通过老人家的案例，我们知道，关于灵性的东西，我们每个人的需求都是相同的，并无差别。我们每个人都需要走进自己，回归自己，回归那个神秘的家。

超越

放下了包袱的老人家，其实很灵通，功课一教就会了。我又笑着问她："老人家，您有什么爱好啊？"

这时，一旁的儿子抢着说："我妈妈有一手绝活，会绣花，绣得特别好。年轻的时候经常参加比赛，拿过好多奖。在老家那个地方，算是远近闻名哟！"

老人家听到儿子这么一夸，有些羞涩地点头。

我对她儿子说:"给你妈买一些绣活的材料,寄到老家,让老人家把这个绝活重新拾掇起来。"

老人家一听说要重新做绣活,眼睛立马放出光来,自信满满的,心像开了花儿一样,仿佛沉浸到刺绣的情景中。

我仍然没有停止,继续说:"老人家,还给您一个任务!"

"还有任务啊?"老人家笑着反问。

"您要成为网红!"

"对呀,这个好!"儿子拍了拍手,惊叫着抢过话,像被点燃了心灯一样,快速联想起来:"妈妈绣花的时候,我要邻居帮她拍成视频发给我,我会帮她剪辑,发到朋友圈。对,还有抖音、快手上。哈哈,肯定火!"

老人家不一定知道网红是咋回事,但拍成视频,能够看到自己的影像留存下来,不也是件十分开心和满足的事吗?

许多老人之所以孤独,无助,之所以觉得活着没意思,是因为有那么大片大片的时间,没有办法去填充它,娱乐它。当然,很少有人去读懂他们,指导他们,帮助他们。这些老人们只有把自己过往的那些伤心事重温,反复煎熬自己,硬生生地把自己活成了一个苦命的人。

我的建议,让老人家找到了自信,找到了一种被读懂了的感觉。

这时,老人家突然问我:"老师,你穿的鞋子多少码?"

"42码。"我说出口后,才意识到什么。

"我要亲手给你绣一双鞋子。"

"太好了!"我不但没有推脱,甚至还贪心地要求道:"老人家,您不只是给我绣一双鞋子哟。我要您每年给我绣一双,要绣到您超过九十岁！"

"哈哈哈，好，好！"老人家简直乐开了花，欣然接受。

临别时，老人家站起身来，用手上下摩搓着心口，说："哎呀，舒服了，舒服了，真舒服！"

读懂老人，帮助他们认识自己，回归自己，才是最好的孝敬。

缺位的爱

妈妈在自己年少的时候就去世了。二十多年过去了,每当想起,她仍然伤痛不已。

她不知道如何化解。

"你爱你老公吗?"我突然问了她一个不着边际的问题。

她诧异着,转动着眼睛。又看向我,似乎在想该怎么回答才好呢?

我打断她的念头,提醒说:"头脑中最先冒出来的是什么就是什么。不要思考,也不要选择。"

"不怎么爱。"她很快回答。

"那你们刚结婚的时候呢?"

"还好吧。"

"说得稍微具体点?"

"那个时候觉得找到了依靠,有一个温暖的港湾,可以让人栖息的地方。"

"哦,了解。"

我停了停,继续问道:"你老公爱你吗?"

"应该爱吧,他对我还是百依百顺的。"

"那为什么你会不怎么爱他了呢?"

"唉，我也说不清楚。"

她长长地叹着气，显得很惆怅。

"这个情感的变化都经历了些什么？"

"没有什么特别的经历啊，都是些柴米油盐的事。可是，我很多时候总觉得空空的，好像缺少什么东西似的，经常会感到生活没有什么意思。"

"嗯，了解。"

我让她闭上眼睛，引导她深深地吸气，缓缓地吐气，将注意力关注到自己的内在。

我要求她不断地问自己："缺少些什么呢？缺少些什么呢？"

她不断地说着，重复着，眼泪开始啪啪啪地往下掉。

她说，她突然看到了妈妈的样子。妈妈非常忧愁地看着自己，妈妈想走过来帮助她，却怎么也挪不动。

我让她觉察身体的感受。她说，肩膀好痛，像压着千斤担子，直不起身来。她又说，心口难受，堵得慌。

我让她继续观想妈妈的样子，看着妈妈的眼睛，把对妈妈最想说的话说出来。

她说："妈妈，我好想你！"

"重复着说，大声地说。"

她说着说着，大哭起来。堵了二十多年的话，像决堤的洪水倾泄而出。她的哭声，就像孩子的哭声那样，无遮无挡，无挂无碍。

我引导她释放压力的同时，去感受和接纳身体的任何不舒服。慢慢地，她恢复了平静。

我让她再次观想着妈妈，再次说出心中的话。

她说:"妈妈,你放心吧,我会照顾好弟弟妹妹的!"

她不断地重复着,越说越有力量。最后,她看到妈妈笑了,她也笑了。

我引导她用光照耀着妈妈。妈妈在光中慢慢地扬升,慢慢地远去,直到消逝在遥远的天际。

她睁开眼睛,惊喜地说:"老师,我感到特别轻松!二十多年的担子一下子就放下来了,真的是身轻如燕!"

"嗯,很好。"

我并没有就此结束,接着问:"好好回想一下,这么多年来,你和老公的点点滴滴,磕磕碰碰。你有什么话对他说吗?"

她的脸上泛起红润,像突然被点醒了一样,富有哲理地说:"我的内心不再有缺失妈妈的伤痛,我能感受到老公的爱,我也会好好爱他。"

真好,卸掉了伤痛,才能装上满满的爱。

读懂爱

由于相距很远,她通过微信连麦交流。她的声音柔软,纤细,又带着几分伤感。她说,她就是想弄明白,自己为什么总得不到爱?

让她有勇气和老师连麦的,是最近让她彻夜难眠的一件事。她说,她离婚已经三年多了,最近处了一个男朋友。男朋友对她一见钟情,催促她去领结婚证。她非常害怕,不敢答应。因为前一次的失败婚姻,和前夫也是一见钟情,很快就结了婚。可是婚后矛盾重重,最后前夫有外遇,不得不离婚。离婚后,她又发现了一个令她难以接受的秘密:自己居然是养女!喊了三十年的"爸爸妈妈",原来是姑父和姑妈,亲生父母则是叫了三十年的舅舅和舅妈。

她长长地叹着气,伤心地说,生父生母在农村,生了三个女儿,自己是第二个。她出生后几个月就被抱给了城里的姑姑。姑姑有一个儿子,有了她以后算做儿女双全。

她发现这个秘密,是因为"爸妈"不同意她离婚,而她又无法原谅前夫出轨,坚决要离。双方僵持不下。最后,"爸妈"实在没有办法,情急之中,说不管她了,反正她又不是亲生的。

她长吁短叹地诉说着自己的不幸,感叹命运的捉弄。怨亲生父母重男轻女抛弃她，怨养父养母在自己离婚后不管她。怨前夫无情，怨不该出生在这个世界上。

听完了她的诉求，我引导她深深地吸气，缓缓地吐气，让她回归到自己的内在。虽然是连着手机的语音，我能感觉到她慢慢平静了下来。

我说："问你几个问题，你尝试着以第三方的身份来回答，可以吗？"

"可以的，老师。"

"你出生的时候，是农村的生活条件好，还是城里的生活条件好？"

"城里的。"

"是农村的教育质量好，还是城里的教育质量好？"

"城里的。"

"你姑姑和你爸爸的关系亲不亲？"

"当然亲。"

"你姑姑只生了一个孩子，并且是男孩儿，是吗？"

"是的。"

"你姑姑家和你爸爸家离得远吗？"

"不远，都在一个地区。"

"两家是不是经常走动？"

"是的。"

"你觉得你爸爸妈妈抛弃了你，不要你了，是吗？"

"这……"

"你觉得爸爸妈妈真的是不爱你了吗？"

"可……"

"你养父母为什么劝你不要离婚？"

"……"

"他们是什么时候说不管你了的？你从小到大他们有管你吗？"

"……"

"你觉得养父母真的是不爱你了吗？"

"……"

手机那端传来轻微的抽泣声。

"请继续回答。你和前夫是一见钟情的，那个时候他爱你吗？"

"爱的。"

"你问过自己，你们为什么经常争吵？"

"没有想那么多。"

"每次争吵后，以什么方式结束。"

"他认错。"

"你认为是他错还是你错？"

"他。"

"你问过自己，他为什么出轨？"

"……"

"你尝试过去读懂前夫吗？"

"……"

"你以前的婚姻是如何经营的？"

"……"手机那端已是泣不成声。

如果你没有从失败的情感中读出点什么来，即便新的情感来临，还会重复过去的故事。

当你读懂了爱，你才能感受爱，享受爱。所谓的不幸，只不过是化了妆的老师，让你一步步走向清明。

一个世纪老人的等待

她在朋友圈发了一段九十岁的老父亲打麻将的视频，还有和父亲头挨着头的剪影，画面充满温馨。上面写了一段文字：陪着父亲走出低谷，愿所有的美好属于自身创造。

这在两年前不可想象。

煎熬的灵魂

她潜伏在我的直播间有一段时间了。

她主动连麦，带着渴望的语气急切地说："老师，我徘徊了好久，终于鼓起勇气向您求助。"

"好啊，能够连麦坦露心声，是需要很大勇气的。祝福你！"

"老师，我都没有信心活下去了，哪来的福啊？"

"敢于坦露自己的心声，你就已经解脱一半了。所以，要祝福你呀！"

"这样啊，太好了！"

接着，她说出了自己的怨和恨。

她说，她恨自己的父亲恨了一辈子。父亲已八十八岁高龄，独自生活。她隔几天就会去看望他，但每次都要挨骂。就像小时候骂她一样，说她这没有弄好，那也没有弄好。骂她蠢死了，不争气。这些话，骂了一辈子，好像从来没有改过。

她心里委屈，想下狠心再也不去看望他。可是她还是做不到。

她生活在孝与不孝的纠结中。不去看他，内心不安。去看他，却总是招来恶语，还是不安。

她说，她无数次在心中呐喊，老天爷为什么让我摊上这样的父亲？！

"理解。你可以让你老公去多看望老人呀。"我提议。

"唉，别提。"

这一声叹息，更是撩到了她的伤心处。

她说，她更怨老公，瞧不起他。本来不想提起的，您这一说，也只有诉苦了。她说，老公是那种扶不起的阿斗，喜欢抽烟、喝酒、打牌，他那一点点工资管他的烟酒都不够。这还不说，他什么心都懒得去操，家里家外的事务都要她来打理。她成为了一个既要赚钱，又要操持家务的机器人。

她诉说着，哽咽着。

停了片刻，她说："老师，我怎么这么难啊！我真的不知道该怎么办？"

她完全沉浸在自己的痛苦中，全然忘了直播间里有那么多人在观看。

我顺势而为，对她说："做一个功课。闭上眼睛，把自己观想在面前，可以吗？"

"可以。"

"看着眼前的那个自己，说出她此时的心情：'我好难啊'！要持续地说，快速地说。"

她不停地说着，非常用心，非常专注。不时传来咳嗽声，抽泣声。最后泣不成声。

直播间有些朋友一直在观看,在互动,纷纷发出同情声。有的人碰触到了自己的痛点,回应说:我也哭了。

在离线的时候,我让她觉察一下身体的感受。

她兴奋地说:"真的很神奇,身体一下子轻松了好多。我要预约老师的个案。"

瞧不起老公

按照预约,她从很远的地方来到了我的工作室。

她已年过半百,脸色暗黑,头发干枯。虽然来之前有过电话沟通,也在直播间作了交流,但见面了,还是感叹她真的是苦之久矣。

我能理解她的感受。于是,引导她深呼吸,让她回归到自己的内在。

"你平常身体怎么样?"我换了个话题问她。

"唉,浑身难受,许久没有检查过了。"

"自己感觉最明显的是什么问题?"

"头疼,经常疼。疼的时候像要炸裂的感觉。"

"好。闭上眼睛,把你的注意力关注到头疼这个地方。可以吗?"

"可以。"

"去感受此刻的疼,或者是过往的疼。"

"嗯。"

"问自己:'我怎么了?'要说出来。"

"我怎么了?我怎么了?"她认真地说着,说着,眼泪唰唰地掉下来。

"这中间出现任何事件,或者画面,就让它像电影一样闪过,不要担心和害怕。"

她继续说着,重复着。突然,她双手举起,抱住了整个头,大喊:"好疼,好疼,快要炸开了!"

"没问题,你是安全的。"我提示她,"继续把注意力集中在头疼这个地方,如果看到了什么画面,可以讲出来。"

"我看到了老公,他背靠在床头,懒散地看着手机。已经是深夜2点多了。"

"哦,了解。继续看着他,想对他说什么?"

"不,没用了。"

"不要主观评判。尝试着说,想对他说什么?"

"不。"她像受尽了委屈,孩子般地哭起来:"他已经十多年没有碰过我了,我睡在他身边,却守着活寡。呜呜呜……"

待她哭声渐小,我说:"再次观想你老公,对他说:'我瞧不起你!'可以吗?"

"我瞧不起你,我瞧不起你……"

这是她平常对老公的态度,可此刻说出来,语气中带着几分无奈,几分无助。

"你从什么时候开始瞧不起老公的?"

"三十多岁吧。"

"也就是说,二十多年来,你都这样看他?"

"是的。"

"再次观想老公,看到老公是什么表情?"

"他很痛苦,不停地抽烟。"

第三章 读懂父母是最好的孝 107

"哦,了解。继续看着你老公,对他说:'老公,我错了,我应该尊重你,你有你的活法。'可以吗?"

"我……"她疑虑着,有些难以启齿。

"尝试着说,放下你的评判。只是说,尝试着说。"我耐心地提示她。

"老公,我错了,我应该尊重你,你有你的活法。老公,我错了……"

她说着,说着,再次哭了出来,"老公,我错了,我真的错了。"

良久,她慢慢仰起头,嘴角竟泛起微笑,有些娇羞地说:"我看到我老公,他好感动,他流泪了。他向我走来,他在给我擦试眼泪。"

咨询结束的时候,她的脸开了,泛着淡淡的红润。

读懂父亲

她再次来咨询的时候,很快就能进入到自己的内在。

她回溯着和父亲的点点滴滴,除了被骂,就是被打。甚至到了自己二十多岁,还会被打骂。

我引导她一点一点去回溯,并要她以现在成年人的眼光去了解父亲的过去,理解他,读懂他。

原来,父亲是"高材生",是地地道道的知识分子。母亲是文盲,还是他的第二个老婆。父亲的第一段婚姻非常圆满,他是个大学生,被分配到厂里做技术。他的第一个老婆是厂里的厂花,两个人可以说是标准的郎才女貌。可后来,动乱岁月开始,父亲没有幸免,被扣上"地富反坏右"的帽子打倒了,下放到农村。他的妻子受到牵连,被歧视,最后精神失常,流落街头,竟不知道踪影。

"文革"结束后,他得到平反,回到了城里,看到的却是家破人亡。他从此一蹶不振,性情乖张,脾气暴躁。后来经人介绍,他无奈地娶了母亲。母亲是农村的,没有文化,也没有正式工作,两个人根本就谈不到一块。好不容易盼着孩子降生,不曾想,母亲一连生下三个女儿,她是老三。

她的出生,让父亲彻底绝望,父亲把他所有的不满和愤怒都洒在了她的身上。父亲在打骂她的时候,总是说:"蠢死了,谁让你跑得快,谁让你跑得快,把鸡鸡弄丢了!"

在那个动荡的年代,那个重男轻女的年代,父亲所经历的那些,是小小的她难以理解的。她自己看到的,和遭遇到的一切,是那么深深地伤害着她,影响着她。她看不到爱,感受不到爱。

她过了结婚的年龄还没有处对象,父亲又骂她不争气。为了把自己嫁出去,她给自己的择偶标准是:只要不吸毒,不打自己就行。

她嫁给的这个男人完全符合她的标准。无论她怎么唠叨,他都不会打骂她。可就是因为这样,她才慢慢地认为老公太老实,太无能,所以又开始嫌弃他,瞧不起他。

"对比起来想想,你老公和你父亲有哪些相似的地方?"我问道。

她从来没有这样对比过,想了想,露出一脸的惊异:"哇,他们太像了!"

"列举一下,都有哪些相似的地方?"

"懒,不操心,不会赚钱,没有上进心,性格古怪,爱抽烟,爱喝酒,爱打牌。"

"那好的方面呢?"

她捋了捋头发,说:"老公其实很有才的,也是一个老技工。他以前的性格很好,后来才变得暴躁。这些和老爸是一样一样的。他们都是那种稳重、内敛、有涵养、有才的人。"

"哦,了解。那从你对待他们的情感上看呢?"

"唉,我怨父亲,也恨父亲。我怨老公,也恨老公。"

"明白了点什么吗?"

她长长地舒着气,感叹道:"怨什么来什么,恨什么来什么。怨恨无用啊!"

"OK,非常好。那想对你父亲说点什么?"

"嘿嘿,明天就去看他,当面对他说。"

她直起身,已经全身轻松起来,脸上红润透亮。

也许,老父亲到八十八岁高龄还舍不得离开这个世界,就是等着这一天的到来。

改变只在一念间

来咨询的人已经六十多岁了,看上去有些沮丧,也有些焦急。我给他沏了杯茶,让他气息平和些了再聊。他端起茶杯,抿了一口,还是迫不及待地开了口。

"老师,请帮我父母做个心理咨询。"

"哦,给你父母?"我有些惊讶。

"是的。我自己的父母。"

"你父母多大年纪?"

"父亲九十岁,母亲也有八十六岁了。"

"哟,都是高寿,有福有福。他们怎么了?"

"这么大年纪了,动不动就吵架,烦死了!"

"谁烦死了?"

"当然是我呀!父母是我在赡养,跟我住在一起。"

"哦,了解。他们吵架的时候你是怎么处理的?"

"我跟他们讲道理。让他们不要吵,好好地开心地过几天晚年。"

"讲道理有用吗?"

"有用我还请老师去做咨询?"他明显来气了,继续说:"他们太固执,太急躁,动不动就吵。尤其是老父亲,怨天怨地怨世界，骂尽了所有的人！"

"了解。父母吵架有多少年了？"

"唉，从我记事起他们就吵，一辈子的冤家。"

"哦，那你给他们讲道理讲了多少年？"

"记不清有多少年了。以前分开住，还好一些。现在他们年纪大了，我们就住在一起，好照顾他们。"

"了解。他们吵架时，你的情绪是怎样的？"

"我无法忍受！气死了！"

"你除了生气，还可做什么？"

"耐心地给他们讲道理，劝导呀！"

"除了讲道理，还可做什么？"

"我还能做什么？！"他瞪大眼睛，"难道要像管小孩子那样打他们一顿？"

"哈哈，想想呗。"

"被他们折腾得头晕脑胀的，还能想什么？"

"哈哈哈。"

"您笑什么？"

"你觉得你应该怎么样？哈哈哈。"

"要我赔笑不成？！"

"你说呢？倒不如乐着看他们吵。"

"哦……"

他似懂非懂地哦着，将目光全神贯注地投向我，期待着给他答案。

"你父母平时有锻炼吗？"

"没有。"

"真的什么锻炼都没有吗？"

"除了吵架还是吵架。"

"没有锻炼怎么长寿呢？"

"哇哦！明白了，老师。"他像炸开了火花塞，开窍地嚷起来，"他们把吵架当锻炼了，原来可以这样想啊！哈哈哈！"

我们改变不了父母，唯有改变自己。

改变自己并不难，往往只在一念间。

安住当下

快一个月没有跟妈妈联系了。这中间想起过打电话问候，但有个念头闪现：妈妈好好的，何须时时牵挂？这一段时间，我的工作、生活都很好，平和、安宁、静好，不正是妈妈传递出来的信息么？

今天傍晚时分，却突然想起，于是拨通了电话。

"妈，这会儿正吃饭吧？"

"是啊。"妈妈一边咀嚼着，一边回答。但马上呛回一句："还想到要打个电话啊？！"

"嗯哈，妈，身体还好吧？"

"好啊，蛮好的。"

"每天有做功课吗？"

"做呀，一天也没有落下。"

妈妈越老，越爱听有关修心的东西。我给她准备了练功带，冥想音乐，她每天坚持做。

"这么好嘛，何必我们天天电话挂记您呢？"

"嗯？"妈妈有些不解。

"妈妈，您就像一个发射台，我们像个接收台。您发射的频率，我们会有感应的。您不舒服的时候，我们就会有一些异样的感应，会及时和您联系。您身体安好，我们就会平和、吉祥、事业顺遂。您说是不是？"

"哦，那是的。"

"那您是希望我们天天给您打电话，挂记您，还是隔段时间打电话，偶尔挂记呢？"

"哈哈，这么说我就明白了，那还是少挂记好。我把自己过好了，你们就都好了。"

老妈很明朗，悟得快。

别把天天挂记当关心，当爱。父母要做的就是管理好自己，安住当下。尤其是年迈的父母，更要在独处中管理好自己，管理好自己的心念。

有的时候，恐惧会化装成关心、挂记来传达给子女。殊不知，频繁的关心、挂记会加重依赖，增加恐惧感。父母终有一天会离开我们，要想这一天越晚来越好，就要习惯这样生活，学会这个生活的艺术。

第四章

成为财富的管道

财富是一种能量,一种显化。我们只知道拼命地去抓取,却不知道疏通自己的能量。

消除卡点,心怀感恩,财富自然地流经,富足而轻盈。

不懂感恩

她经营着一家服装店，现在正要进入销售旺季，员工却集体闹辞职，说工资太低。尤其是店长，觉得发放的年终奖励太少，也提出离职。她说，这不是集体串通起来敲竹杠吗？

她伤心地落着泪，继续诉苦：现在的员工太计较，太不懂得感恩。我对她们那么好，她们却这样回报我。尤其是那个店长，跟随自己七八年了，从一个店员到店长，从一个大姑娘到结婚生子，自己像亲妹妹一样对她，只差掏心掏肺了。现在翅膀硬了，却这样翻脸不认人，想想真的好伤心！

她说，如果员工还坚持闹，她准备关掉门店，不做了。她已经伤不起了。

"老师，我该怎么办？"她抱怨了一大堆后，还是迫不及待地问。

"哦，老师也不知道怎么办。"我不紧不慢地回答。

"我是真心的，老师。"

"老师也没骗你。"我显得更真心了，"办法在你那里，看你愿不愿意发现。"

"我这里？"

"是的，在你那里。"

她更加迷惑了，眼睛瞪得大大的："因为不知道怎么办我才来找您。要不，也不会跑那么远的路来了。"

"请问你的决定是你真实的想法吗？也就是准备关店的想法是你的真实意图吗？"

"应该是吧。"

"需要你明确的回答，要么是，要么不是，不要模棱两可。"

"这……"她仍然不愿面对。

"这个店亏损吗？"

"没有，是盈利的。只不过没有我期望的那么多。"

"了解，那是赚多赚少的问题。再问你：真的是想关店吗？"

"不是。"

"也就是你的真实想法是继续经营，对不？"

"是的。"

"那就应该把你的焦点放在继续经营的问题上，对吧？"

"是的。"

"那再确认一下，你对员工的看法。"

"员工的工资在当地已经很高了。是她们太计较，太不懂得感恩，完全是敲诈。尤其是那个店长，对她那么好，居然辞职！"

"好，清楚了。"

我引导她轻轻地闭上眼睛，深深地吸气，缓缓地吐气，让身体越来越放松，慢慢地回归到自己的内在。

"请你把这些员工观想在面前，可以吗？"

"可以。"

"看到了什么？她们是什么表情？"

"她们都在店里，好伤心的。"

第四章　成为财富的管道　　　　　　　　　　　　　　119

"哦,继续看着她们,去感受她们的感受。"

"她们都好委屈,都在哭。我看到了店长,她更难受。她在说:'老板,你太抠了。你说的奖励方案,我们团队完成了。你却认为我们完成得太容易了,是目标定低了,要减掉一部分奖励。你是知道的,为了完成目标,我们想尽了各种营销办法,不知道加了多少班。真的不容易啊!'"

她讲述着,早已泪流满面。

"了解。继续说出你看到的一切。"

"她哭得好伤心,团队的人也跟着她一起哭。"

"嗯。此时此刻,你的身体有什么感受?"

"浑身发冷,两条腿凉凉的。"她说着,身体有些微微地发抖。

"继续感受这份感受,不要刻意压抑或者回避,只是体会这份感受。"

"嗯。"

几分钟后,我对她说:"看着你的店长和团队,你想对她们说什么,把你最想说的一句话说出来。"

"我错了,是我太抠,太计较了。对不起……"

"继续,重复这句话。"

"我错了,是我太抠,太计较了。对不起……"

"继续看着她们,走近她们,表达你的感受。"

"她们看到我哭了,都来安慰我。我们抱成一团,哭着,安慰着。我对她们说,我会按照以前的约定,把奖金补发给她们……她们都笑了,还手拉着手,站成了一个圈,把我围在中间,她们从来没有像现在这样高兴。我还看到了店长,她对我说,感恩我对她的培养,她会好好努力,力争达到更高的业绩。"

她已不再发抖，慢慢地平静下来。我让她在这种感觉里多呆一会儿，和那个久违了的自己融合。

她慢慢地睁开眼睛，回到当下。眼睛澄静透明，面色红润柔和，好像换了一个人。

"感觉怎么样？"我问。

"轻松了，老师。"

"知道怎么办了吗？"

"知道了。感恩老师。"

"感恩谁？"

"感恩员工，我的宝贝们。"

她双手合掌，有些羞涩地笑了。

为什么人财两空

她第一次来咨询,脸上写满了疲惫和倦怠,并没有明确提出自己要解决的问题是什么。她只是轻描淡写地说,自己有一些苦恼,周围的人都是些忘恩负义的人。有的人得到好儿了,就围着你转,一旦没有了益处,翻脸比翻书还快。

钱亏人散

"你赚到很多钱了吗?"我问她另外一个话题。

"赚到过。这几年亏光了,还欠了不少外债。"

"为什么亏那么多,找过原因吗?"

"遇到的合伙人不对。要么是来骗我的,要么是来分我的。唉,总之没有人是来帮我的。"

"和你合伙的人有投钱吗?"

"有的。"

"她们是赚了还是亏了?"

"亏了。"

"哦。"

我停了停,给她一个领悟的时间。她却直直地瞪着,没有反应。

"那你的员工,她们都有技术或者是技能吗?"我继续问。

"有的。"

"是你选择的吗？"

"是的，双方都有意愿才行的。"

"哦，既然是这样，那又怎么说她们是来骗你的，或者是来分你的呢？"

"这……"

"有总结过自己的问题吗？"

"没有。"

她抬起头看着我，眼睛一眨也不眨，一副难道是自己有问题不成的表情。

虚空的海底轮

为了深层次唤醒她的人际关系障碍点和财富障碍点，我引导她深呼吸，将注意力回归到自己的内在，并观想红色的光照着自己的海底轮，去感受这种存在。

过了好久，她有些着急地说，看不到红色的光，也感受不到海底轮的存在。

她执着于红彤彤的、像太阳一样可以看到的光，却忘了自己的感受和觉知。我告诉她，放下执念，只是去感受，不要执着于结果。

慢慢地，她看到了，或者说感受到了红色的光，感受到了海底轮的存在，那红色的光把海底轮照得红红的，暖暖的。

我继续引导她将红色的光沿着大腿、膝盖、小腿、脚底向下穿越，一直要穿过大地。当红色的光到达脚底时，她说，无法感受脚底与大地的链接，总感觉踩在虚空中，飘荡着。她很害怕，怕从高空中掉下来。

经过反复引导，调理，她终于可以感受到站在大地上的感觉。但脚底全是岩石，坚硬无比。她尝试用意念将光穿透岩石，甚至鼓劲用力，仍无济于事。

我引导她放下蛮力，用耐心一点一点融化，渗透，才慢慢地将岩石松动。经过半个多小时的努力，她终于感受到了双脚踏在土地上的感觉，感受到了泥土的肥沃，大地的承载和厚重。

海底轮代表着财富，代表着关系，是人体的能量场。而我们不曾了解它，更无从去滋养它。

一个发卡的创伤

"你和母亲的关系比较疏远，知道为什么吗？"我直截了当地问。

"我……"她睁大着眼睛望着我，很惊讶地说："您是怎么知道的？"

"怎么知道的不重要，重要的是要找到关系疏远的原因，解决它。这对你的人际关系，事业发展都非常重要。"

"嗯。"

她说，她是母亲唯一的一个女儿，在子女中排行最小。按道理，她应该是一个娇娇宝贝。但从记事起，她和母亲的关系就很淡很淡。虽说不上恨，但真谈不上爱。她还说，她已经很久很久没有回老家看望母亲了，好像忘却了母亲的存在。

我再一次引导她回归到自己的内在，去回溯和母亲的朝夕相处。

当回溯到读小学阶段的时候，她伤心地哭起来，一件事情让她觉得十分委屈。大概八岁左右的时候，她看到同学扎了一个非常非常好看的有机玻璃发卡,十分羡慕。她幻想着自己也戴着这样的发卡,比那个同学好看了不知多少倍。可当她回到家跟母亲提到想买发卡时,母亲不但不支持,还劈头盖脸地骂了她一顿。说两个哥哥要读书,要为他们积攒学费,将来要读大学,等等。总之,全是为了两个哥哥。

在她的记忆中,母亲的眼里只有哥哥,她完全就是多余的。她伤心地哭,怨这个重男轻女的母亲,也怨挡在了她前面的两个哥哥。好在,父亲非常喜欢她,总是偏袒她。但父亲很害怕母亲,是典型的妻管严。平日里说话做事,只要母亲加重语气,父亲就不再过多言语。

父亲知道了发卡的事,就偷偷地给了她十元钱。她如愿以偿地得到发卡,高兴得像公主似的。可就因为这,更大的委屈在等着她。

母亲正在为十元钱不知道放哪儿去了而焦急寻找时,突然看到她戴着发卡屁颠屁颠地回来了。于是一口咬定是她偷走了钱,并且用这个钱买了发卡。无论她怎么解释都无法说服母亲。她哭得十分伤心,而两个哥哥也没有同情她,只是在一旁无所适从。直到她父亲从农田回来,承认钱是他给的,母亲才松了一口气。但转头指责父亲娇着她,惯着她。

她完全沉浸在过去的记忆中,委屈、无奈、怨恨交织在一起,以致鼻涕眼泪拄着快一尺长而浑然不知。

我让她继续观想那个小时候的自己,观想好多好多好看的发卡、头饰在面前。让她尽情的去挑选,没有任何的限制。

她说,那个小小的她好开心,她挑选到了自己特别喜欢的。她还看到,母亲过来了,帮她带上发卡,还不停夸她:我闺女真漂亮。

她甜美地笑着,觉得自己就是一个漂亮的小公主。

第四章　成为财富的管道

我让她在这种感觉里待着,与那个小小的自己合一。

觉醒

整整五个多小时的回溯、穿越和释放,她终于敢于回看自己,找回自己。

她说,她喜欢做色彩搭配,天生对美的东西有很好的把握,给人的第一印象不错。但时间久了,身边的人纷纷远离她,都认为她假、装、矫情。她自己认识不到,还觉得很委屈。现在找到了,自己的内在始终有一个小时候不被滋养的委屈的灵魂。

"那个发卡值钱吗?"我问。

"不值钱。"

"为什么那么受伤?"

"自己被卡住了。"

"还怨母亲吗?"

"不了。"她有些不好意思地低了低头,再扬起,"今天明白了,原来母亲是爱我的。我现在能想起好多好多母亲帮我梳理打扮,把我打扮得花枝招展的样子。"

"太好了。那你的合伙人和员工,他们都是来骗你的?来分你的?"

"不是。是我不愿意看清楚自己,心胸太狭窄了。"

"当你愿意看清楚自己的时候,你的身体是什么感受?"

"清透。"她脱口而出,继而会心地笑起来。

母亲是爱,代表着和谐的关系;母亲是承载,代表着包容;母亲是大地,代表着财富的聚积。

和母亲的亲密关系,影响着你的人际关系和财富关系。

糟糕的人际关系

在给一家销售公司做集体咨询时,老板特别要求给他的一个总监做下个案,解决这个总监的人际关系问题。

这个总监,是老板的左膀右臂,老板对她是又喜又恼。喜的是,她的销售好,做业绩无人能敌。恼的是,人际关系很差,性格古怪,动不动就能和人吵起来。老板每年协调她的人际关系就要费不少心。

见到这位总监的第一眼,我就大概知道她的人际关系问题不单纯只是工作上的,还有深层次的不为人知的因素。

"在工作和家庭生活中,你觉得哪个方面更容易把控?或者说更喜欢哪个方面?"我问道。

"工作。"她快人快语,不拖泥带水的那种。

"你怎么看待你和同事之间的矛盾?"

"表面看起来是工作上的矛盾。其实,很多情绪是家里矛盾的一个延伸。"

"哦,很好。继续。"

"我很感激老板和同事,尽管我总爱和她们争吵。如果没有他们的包容、忍让,我早就崩溃了。"

"理解。那你的家庭生活怎么样?"

"唉，我已经写好了离婚协议。"她犹豫了片刻，还是直接说了出来。

"哦，爱要转移了？"

"不是。"

"老公有外遇了？"

"没有。"

"说一个离婚的理由？"

"感觉不到爱。"

"了解。如果用几个词描述你的老公，那他是怎样一个人？"

"嗯。唠叨、小气、自私。"她开始用力地去寻找不好的词汇，好一会儿才吞吞吐吐地说："不关心人、不会赚钱，还有……"

"了解。请把这些词的反义词说出来，看看你老公像不像。同时，尽可能多地说出老公的另一面。"

她瞪起眼睛望着我，一脸的不解。但还是像小学生完成作业一样，说出这些词的反义词：

"爱叮嘱，比较细心，会过日子，精打细算，任劳任怨，稳重，有好多兴趣爱好，工作稳定，一个心眼，不花心，对我父母很好……"

"怎么了？继续。"

"……"她低下头，开始掉眼泪。

慢慢触及到了老公的另一面，居然有那么多没有被发现的词。不被爱，或者感觉不到爱，看来只是假象。

于是，我引导她深呼吸，进入到更深的意识层，去挖掘不被爱的种子。

很快，她就回溯到了胎儿时期，她看到了自己在妈妈肚子里的情景。她说，四周都朦朦胧胧的，好闷热，像罩在蒸笼里。不一会儿，她又感到烦躁。她说，听到了妈妈和爸爸吵架，妈妈还拿自己出气，觉得不该怀上她，说要把她打下来。她说，好冷，好害怕！

她回溯着，浑身哆嗦起来。

"你是安全的，继续。"我安慰着她。

她说，在妈妈的肚子里好憋气，好难受。她想逃出来，可是跑不动。她大喊大叫，却没有人听到。她用脚踢，可是妈妈仍在干她的活儿，根本觉察不到。她声音嘶哑地大喊：我要崩溃了！可是，她的声音被爸爸妈妈的吵架声淹没了。

"了解。请重复说出这句话：我要崩溃了！"

她声音嘶哑地不断地重复着："我要崩溃了！我要崩溃了！我要崩溃了！"

她已声泪俱下。

突然，她的身体打了个激灵，停止哭喊。她说，她看到那个小小的自己从妈妈的肚子里生出来了。

"好可怜啊，她是那么瘦小。"

"了解。继续。"

她哆嗦着，伸出双手，做拥抱的样子。说："快把她抱好，她好冷！"

"了解，你很安全。继续感受你周围的一切。"我不断地安慰她。

"我看到周围只有妈妈。她一个人，好伤心，好孤单。哦，不，还看到了奶奶。"

她的声音低缓，充满忧伤。

第四章　成为财富的管道

我引导她跳出来观想,去融化这忧伤的记忆。

"用你成年人的眼光看清楚周围的一切,去理解妈妈,还有奶奶,去理解她们其实是爱你的。"

"嗯。"

慢慢地,她平静下来,轻声地说:"妈妈心疼地抚摸着我,奶奶在忙着给我换洗衣物。"

我引导她用光照着那个孩子,给予她温暖和爱。她说,她看到了那个可爱的婴儿,带着天使般的笑容。那就是她啊,原本应该呈现的样子。

我继续带着她去回溯小时候的卡点。

她回溯到,自己不到两岁,妈妈就和爸爸离婚了。妈妈把她送到奶奶家抚养。她清楚地看到,妈妈把她留给奶奶后,头也不回地走了。

"他们都不要我了。"她呆愣着,仿佛守着那个小小的自己。

"把注意力集中到眼前的这个自己,可以吗?"我再次引导她跳出来观想。

"可以。"

"用你成年人的眼光看待父母的离婚,并说出来,告诉这个小小的自己。"

她注视着眼前的自己,语气柔柔地说:"那是爸爸妈妈的事,我要理解他们的选择。他们虽然分开了,但都还是爱我的。"

她已没有那么多伤感的眼泪,变得平静,柔和。

我再一次引导她观想光,照着这个小小的自己,把她的全身照得暖暖的,亮亮的。

"宝贝,回家了。宝贝,回家了……"她轻轻地呼喊着,把那个小小的自己拥入胸膛，融入自己的心口。直到自己满意，嘴角露出微笑。

一个多月后，老板打来电话，欣喜地说："老师，太感谢您了，太神奇了！我那个总监像换了个人儿似的，和同事关系十分融洽，团队的凝聚力有了质的提升。"

哈哈，谁说不是奇迹？你的心念变好了，周围的关系自然变好了，连整个世界都变好了！

气虚

坐在面前的女人显得无精打采,很是哀怨的样子。

她说,她已经离异好多年了,带着孩子和父母一起生活。她首先想要解决工作上的问题。因为经常要出差,工作量非常大,累得人喘不过气来。关键是收入不高,没有达到自己的期望。另外,身体出现了一些问题。中医说是气血虚,要静养。可自己的工作不能让自己静下来,很烦。还有就是,与男朋友的事。相处两年多了,对方总是若即若离,让人琢磨不透。

她应该是憋了好久了,来到这个心灵驿站,似乎找到了可以倾倒垃圾的地方。

一堆乱麻,必须理出个头绪来。

"你最想解决哪个问题?"我问她。

"嗯,工作吧。"她犹豫片刻后回答。

"好的。你现在一个月能拿多少钱的工资?"

"一万吧。"

"确定吗?"

"这是固定的部分。如果加上业绩提成,还会略高一些。"

"嗯,了解。你对工资有什么想法?"

"这不是我想要的。我每个月都是等着钱还信用卡。孩子的生活费呀、补课费呀，还有医药费呀什么的，乱七八糟的，太高了，承受不起。"

"理解。那你对工资的期望值是多少？"

"年薪 50 万吧。"

"哦，明白。那还有什么期待呢？"

"少一些出差，太累了。一个月有一半的时间在外面出差，光旅途就很累。前段时间去看了中医，说我是气血两虚，要以静养为主。"

"哦，理解。那你每个月能创造多少业绩？"

"嗯？"

她似乎没有听清楚我问什么。

"你可以量化的业绩有多少？比如说赚回了多少钱。不可量化的业绩，以工作效率来量化。"

"这……没有太多关注过。"

我盯着她，她慢慢地低下了头，略有所思。

"你到这家公司多长时间了？"

"一年多了吧。"

"那去年做了多少业绩？"

"没有多少，去年主要是在学习。因为是新的岗位，新的业务，要学习的东西很多。"

"你创造的业绩可以把工资赚回来吗？"

"这个……暂时不能。"

"现在能明白些什么了吗？"

她有些脸红，不好意思地说："新员工到一家公司里，哪怕是高管，头一年的核心是学习，锻炼，是很难为公司赚到钱的。"

第四章　成为财富的管道

"哦，了解。从价值的角度看，你的工资合理吗？"

"合理。"

"很好。你选择这家公司的目的是什么？"

"这家公司能锻炼人，能让我成长。"

"哦，那你现在的状态呢？成长到了哪一步？"

"唉，远远不够。"她长长地舒了口气，继续说道，"老师，我明白了。我放弃了自己的目标，还抱怨工资低，抱怨出差多了，真的不应该。"

"哈哈，明白了就好。"

一堆乱麻理出了大头，我顺势而为，刨根问底。

"那和男朋友怎么回事了？"

"很烦人，他总是让人捉摸不透。"

"哦？说说他让你捉摸不透的事，或者是捉摸不透的话，可以吗？"

"可以。男朋友有一次问我说：你知道我为什么总是出差吗？我说，不知道。他就失望地离开了。"

"嗯，了解。那你再重复这句话：你知道我为什么总是出差吗？好像他在不停地问你一样。"

她认真地重复着，邹紧了眉头。

"那是为什么，嗯？你明白了一点什么没有？"

"不知道。"

从她的表情里，当然读懂了男友的意识，但是她仍然不愿意表达出来。

"真实地回应自己，你明白了什么？"

"我又没有错。"

"我们不讨论有没有错。"

我知道她在争对错,并且会死杠着,便另找一个办法。

"我们一起做一个功课,好吗?"

"好的。"

我引导她深深地吸气,缓缓地吐气,慢慢地回归到自己的内在。我让她说"我错了",要不停地说。

"不行。我又没有错!"

她反悔了,坚定在对与错的判定上。

"能理解。我们只是在做功课,做一个游戏。假装着说,尝试着说,可以吗?"

她勉强地点点头,开始假装地说:"我错了,我错了。"

我让她语速加快,放下大脑,放下评判,持续地说。

说着说着,她终于泪流满面,嚎啕大哭起来:"我错了,我真的错了!我太任性,太自我了。我根本不考虑你的感受,我好自私!对不起,我错了,我改!"

功课做完的时候,她的怨气已经烟消云散。整个人神清气爽,面色红润,哪里还有气虚的影子?

我们往往会迷失在抱怨中,指东道西,却很少回过头来问问自己:为什么?

谁在欺负你？

她气得不行。说是门店业主欺负她，不给她降房租。相邻的门店租金都降低了，有的还降了很多，只有自己的没降。干脆关门，不干了！

她一边诉说，一边喘着气儿。她被气得不轻，满脸通红。说到最后，眼圈竟红了起来。

"既然不想干了，那就关门呗。"我顺着她说。

"可我不甘心！"

"既然不甘心关门，那就好好捋一捋究竟为啥不甘心。"

她轻轻地点点头。

我接着问她："你究竟要什么？"

"不太明白。"

"说直接点，你内心真正的想法是转让，关门不干了，还是继续干下去？"

"继续干下去，毕竟在这个门店做了十年了，积累了很多客户。"

"嗯，了解。既然是继续做下去，那就捋一下，你的需求是什么？"

"降房租。"

"明白。降的理由呢？"

"这个街道许多门店都关门了,有的房租降了一半了。我跟房东谈降房租,谈了几次了,他坚决不降。"

"哦?你的房租多少?"

"3万。"

"3万一个月?"

"一年。"

"哦,明白。你觉得这个租金承受得起吗?"

"别人都降了。"

"我是问你的门店,承受得起吗?"

"还可以吧。"

"好的。我们再来捋一下:你是要做下去的,只不过要降点房租。对吗?"

"是的。"

"其他的门面租金大概多少?"

"有2万的,有2万5的,也有3万的,不等。"

"那为什么不去租便宜一些的呢?"

"那些门店小,比较老旧。"

"也就说你的门面比其他门面要大,要好,是吗?"

"是的。"

"那这个门店贵一些是不是合理的?"

"嗯,也是。"

"那房东是在欺负你吗?"

"嘿嘿嘿……"

她的气消了一半,只是傻笑着。

"逆向思维去想,你可以再租一个2万的门店,做低端一些的品牌。和你的门店互补，可以吗？"

"嗯，可以的。"她的眼睛瞪得大大的，放出光来。

"当你的心思只在降房租上时，你会陷进去。怎么减少就怎么想，越想越气。你很少去想该如何拓展更多的市场，更好的营销，达到更高的目标。是不？"

"是的，老师。我的心情好多了，像开了一样。"

"知道问题出在哪儿了吗？"

"忘了自己要什么。"

"是忘了自己究竟要什么。是吧？"

"太对了。"

"那你事先的决定是基于一种什么想法？"

"斗气。气得我好几个晚上都没有睡好。"

"那是谁在气你？"

"我自己。哈哈哈。"

她终于笑开了。

创业梦

他是个富二代,海归。他踌躇满志,离开家族企业,另辟蹊径去创业,立志要创造比父辈更大的基业。不料,几年下来,几次创业都以失败告终。他很苦恼,吃了几堑,却长不出智慧来,不知道问题出在哪儿。

和钱的关系

"你是怎么看待钱的?"我问他。
"其实,我是不怎么看重钱的。我看得比较开。"
"哦,你赚到钱了吗?"
"还没有,但会赚到的。"
"你和钱是一种什么关系?"
"就好比猎人和战利品,钱就是战利品。我利用知识、勇气和毅力去赢得金钱。"
"哦,那你的战利品呢?"
"还没有。失败是暂时的,我会赢的!"
"你的目标是什么?"
"赚钱,赚远远超出父辈的钱。"
"你觉得可以实现吗?"

"可以。一定可以。"

对于他的回答,我没有提出质疑,年轻人的敢想敢干精神需要呵护。他当下需要的是看清自己,修正自己。要达到这个目的,教条的理论没有实际效果。于是,我引导他深深地吸气,缓缓地吐气,进入到自己的内在。

"观想钱在你的面前,可以吗?"

"好的。"

过了一会儿,他说:"眼前朦朦胧胧的,什么也没有看到啊。"

"没问题。接纳这个状况,继续观想。观想100元的面钞,可以吗?"

"可以。"

"发挥你任意的想像,去观想钱,怎么样都可以。并讲出你看到的。"

"好的。"

他开始进入到更深的意识层面,说:"我看到了好多钱,全是一百元的,一扎一扎的,全新的。"

"好,继续。"

"这些钱堆满了房间的每一个角落。"

"了解,继续。"

"我把那些钱堆放得整整齐齐,好高好高,像堆放谷垛一样。"

"继续。"

"我站在钱堆上面,好开心。我在上面打滚。"

"继续。"

"我直接躺在上面睡觉。"

"继续。"

"我困了，就想睡觉。"

过了一会儿，我引导他从深层意识里出来。他很惊喜，说：好轻松啊。

"在这个体验里，你明白了什么吗？"

"觉得很奇怪，我怎么会看到这样的场景？"

"没问题，所有的呈现不是无缘无故的。你觉得钱对你来说是什么？"

"钱就是钱，看到很多钱，很开心，但它只是一种展示。"

"嗯，那后来呢？"

"我累了，就睡着了。"

"想想，你懂钱吗？明白钱的价值和意义吗？你为什么要有这么多钱？钱为什么会跟着你？"

"这……"他摆着头，用期盼的目光看着我。

赚钱的目的

"你的人生理想是什么？或者说你的梦想是什么？"

"我一直以来的一个梦想，就是圈一块很大很大的地，盖很多别墅，环境打造得非常美。我会邀请儿时伙伴、事业伙伴、好友、亲人都居住在这个大院子里。"

"哦，想做房地产商？"

"不是。这些房子可以送给他们，或者是邀请他们到这儿住，度假，都可以。只是这些人必须是我的儿时伙伴、事业伙伴、好友、亲人。"

"很有意思的梦想。那你是从什么时候开始有这个想法的呢？"

"小时候。"他有些兴奋，补充道，"读小学的时候就有这样的想法，只不过那时没有想得这么清晰，这么美好。"

"了解。你觉得这个想法切合实际，能实现吗？"

"我觉得能。"

能与不能，靠争论没有用。其实，未来的情景是可以提前感知的。于是，我再次引导他进入到深层意识，去一探究竟。

"把你梦想中的别墅区观想在面前，可以吗？"

"可以。"

"按照你的想法建造的，越清晰越好。看到了吗？"

"看到了。都建好了。还有一个高大的门楼，很宏伟。上面题好了字，叫怡园。"

"了解。然后呢？你准备做什么？"

"我邀请儿时的伙伴、事业伙伴，还有好友、亲戚，邀请他们都来住。"

"好的。然后呢？"

"我打电话，发视频，我真诚地邀请他们。"

"好的。继续。"

不一会儿，他脸上高兴的表情不见了。他皱起了眉头，好像在努力看清楚什么。

"怎么了？把你看到的说出来。"

"怎么会这样？"

"没问题，说出来。"

"我……"他有些焦急。

"你是安全的。"我提醒他，"看到什么说出来。"

"他们都不来。"他快哭出声来，"他们有各种各样的理由，都在推脱。"

"继续。"

"我上门一个一个去请。只有几个儿时的伙伴来了,其他的都不来。"

"了解。继续。"

"好冷清的院子,好冷。"

他的身体有些发抖,陷入深深地痛苦之中,好像未来已来。

儿时的孤独

"请你看向儿时的伙伴,可以吗?"

"可以。"

"他们是什么样子?还认得出来吗?"

"认得。"

"走近他们,想对他们说什么?"

"好。"

过了一会儿,他惊讶起来:"他们还是小时候的样子,怎么就没有长大啊?"

他直接穿越到了小时候,脸上露出了快乐的笑容。他的身体有些扭动,似乎和小伙伴们在一起嬉闹。

"继续。说出你看到的一切。"

"我在玩滑板车,嘿嘿,是妈妈奖励给我的。"

"哦。"

"只要我听话,妈妈都会奖励给我东西。"

"了解。你在什么地方?周围是什么?"

"我在小院子里,我们家的小楼房,邻居家也是小楼房,一排一排的。"

第四章 成为财富的管道

"嗯，继续。"

"我们开始捉迷藏。哎，我藏得可好了，他们很难找到我。"

"哦，了解。"

过了一会儿，他开始焦虑起来，有些颤抖地说："他们，他们的人呢？怎么一个也找不到了？"

"继续。你是安全的。"

"天黑了，他们都回家了。"

"继续。"

"我一个人在院子里，爸爸妈妈还没有回来。"

"了解。"

"他们每天都很忙，很晚才回来。我好害怕。"

"了解，你是安全的。继续看着那个小时候的你。"

"我好饿，好冷。"

"理解，想对他说什么吗？"

"爸爸妈妈叮嘱过，好好完成作业，不能贪玩。他们回来了还要检查。"

他回溯着，眼里噙着泪水。

我引导他用光去温暖那个小孩，去和他的爸爸妈妈链接。并用现在的眼光读懂爸爸妈妈，理解爸爸妈妈，与爸爸妈妈融合，与小时候的自己融合。

他的脸上露出了微笑。

醒悟

结束回溯，他非常地轻松和喜悦。我问他有什么感想，他无比感激地说：

"谢谢老师，如果不是今天的沟通，也许困扰我的问题在我六七十岁的时候都不一定能解决。今天让我一下子明白了，至少提前了三十年！谢谢老师！"

我笑了笑，问道：

"你的梦想是基于什么？"

"我儿时的经历。为了消除内在的恐惧感和孤独感，我邀请他们来陪我。可我全然不知他们究竟需要什么。"

"你觉得，你会赚到这么多钱吗？"

"不会。我没有真正地理解钱的概念，也不懂得和钱链接，更不知道钱的价值。"

"知道为什么创业失败？"

"我只知道一味地投入激情，想当然。光有创业梦想和激情不行，需要全方位了解市场，了解客户的需求。"他停了停，继续感叹道，"还有一点，就是我的身体是堵的，有许多恐惧，担心和挂碍。赚钱需要有好的能量场，我还不够。"

"那该怎么办？"

"好好清理，让自己能量提起来。重新规划项目，脚踏实地，一步一步向前。"

问题即答案

她转接了一家服装店,折腾了一年多,麻烦一大堆。原因是,货品都是以前店主没卖完的老品,只能打折卖。VIP客户绝大多数是以前沉淀下来的,要无偿地提供服务。员工不稳定,工资要得高,要求交社保,还动不动闹辞职。还有就是商场收费的名目多,费用高。等等。

她说:心累。

"到目前为止亏了多少?"我问。

"没有亏,只是赚得很少很少。"她没想到我会问这个问题,不设防地回答。

"哦,你以前做过门店经营吗?"

"没有。"

"第一次做老板?"

"是的。"

"现在的大环境不好,服装店的生意好做吗?"

"太难了。现在网上冲击太大,我们这条街上好多门店都关了,或者是转行了。"

"那你的门店还是比较幸运的,是不?"

"是的。"

"如果不是转手店，没有那么多旧货，是一个全新的店，投入成本是多还是少。"

"那肯定多，要增加近三倍的资金都不止。"

"哦。那你会加大成本投入，做一家新店吗？"

"不会。没有那么多资金。"

"了解。如果不接这个店，你在干什么？"

"仍然在打工。"

她嘿嘿地一笑，显得有些不好意思。

"如果是新店，高端 VIP 多久才能积累到你现在的数量？"

"新店比较难，没有三、五年积累不到这个数量。这还是要很用心做的情况下。"

"你现在服务的 VIP，今后是谁的？"

"当然是我们的。"

"那现在看似只在付出，其实是在为谁服务？"

"自己。"

她似乎明白了点什么，脸微微发红，低下头偷偷地笑了。

"给员工买社保的门店多吗？"

"很少。能不买就不买。"

"你给员工买了吗？"

"没有。"

"员工的想法呢？"

"当然很有意见。"怕我不明白，她接着解释道，"有意见也没有用，我是随大溜嘛。"

"如果你主动给员工买社保会怎么样？"

"她们当然高兴死了。"

第四章　成为财富的管道　　　　　　　　　　　　　　　147

"然后呢？"

"员工稳定了。"

"然后呢？"

"我也省心了。"

她眨了眨眼睛，长长地舒了口气。

这个时候，我故意顺着她的诉求说道："换掉这个门店，找个费用低的去经营，好吗？"

"那不行！"她回答得很坚定。

"你知道为什么心累吗？"

"明白了，老师。原来反过来一想，我过去认为不好的，现在全都成了好的，哈哈哈。"

她笑着，挥了挥拳头，心头充满了力量。

问题即答案，心念在哪儿，结果就在哪儿。

疏通财富管道

她已经两起两落。

三年前还身家几个亿,目前却债务累累。她的财富积累起来很快,掉下去也很快,像坐过山车。她仍拼命地工作,还是没有找到出路。

她希望清理身体垃圾,消除负面因素,化解当前困局。让身体好起来,财富聚起来。

寻找突破口

她说,当前困绕的事有三件,一是业绩下滑厉害;二是债务巨大;三是得力干将离职,人才空缺。

我想从理论上开启她,便对她说:"归纳起来是两个方面:一是财富崩盘;二是关系危机。"

"听不进去。"没等我说完,她直接回应。

我只有另找方法。

我让她闭上眼睛,深深地吸气,缓缓地吐气。引导她慢慢地回归到自己的内在。

我让她把自己观想在面前,任何一个样子都行。

好半天,她说:"看不到。"

我继续引导，调息，让她观想自己。她说："头脑一片空白，像糨糊。"

我要求她说出此刻身体的感受，她体会了一会儿，说："没感觉，想睡觉。"

索性让她睡一会儿，但是她根本睡不着。她说："静下来感觉更烦躁。"

我用催眠法引导，很快，她安然入睡。

醒后继续沟通。可她说："头脑在观想时仍然是一片空白，身体没有任何感受。"

半天过去了，似乎还没有找到突破口。她觉得没有信心了，说："我的身体已经麻木了，没法继续。等这么多事情有个头绪了，再来体验学习吧。"

我问她："你来咨询的目的是什么？"

"让人轻松，解决问题。"

"你都有头绪了，还来做什么？"

"哦……"

其实，在沟通中找到了两个非常有价值的点，也正是她觉得沟通无望的两个点：头脑一片空白；身体没有任何感受。

于是，引导她慢慢明白："没有感觉也是一种感觉"，是身体麻木到没有感觉，觉察不到感觉。头脑一片空白，恰恰是有很多东西不愿意去想，不愿意去挖掘，头脑用"一片空白"来保护这个秘密。

她不断地"哦，哦"，似乎明白了许多。

找到了突破口，才能找到真正的答案。

链接父亲

我让她舒服地坐着，引导她深深地吸气，缓缓地吐气，让心回家。

要求她放空大脑，连续说出"我好累，我好累……"，去敲醒身体，以平等心接纳有感觉或者无感觉。

慢慢地，她的注意力开始聚焦，身体开始有感觉。她说："感觉到燥热，还有一些麻麻的。"

她可以观想到自己的样子了。她说："看到了疲惫的自己，好累好累的自己。"

引导她更进一步走近自己，去看清楚自己。但是几次努力，她都不愿意更近地看清自己，更不愿意与自己牵手。她说："不忍看。"

再次努力，慢慢地，她终于可以与自己并肩，一起向前回溯，穿越。

我引导她去看更早以前的自己。结果，她只能看到 20 岁以后的自己，以前的全都记不起。她确定地说："不可能记起更早的事了。"

我要她放下评判，以平静心、平等心面对回溯到的每一个细节和场景。最后，奇迹出现，通过引导、穿越，她逐步看清楚了十五岁、十岁、八岁时候的自己。

观想自己十岁时，穿着蓝色的上衣，扎着细细的辫子，面颊有些脏，无神地看向远方。她说，面前突然出现一条水泥路，在山坡边上。她觉得很奇怪，就顺着这条水泥路，来到了山上，映入眼帘的是两座坟墓，爸爸的和奶奶的。两座坟墓的样式一样，有碑文，周边长满了野草。透过坟墓，她清晰地看到了爸爸的样子：高高的个头，清瘦的面庞，戴着一副眼镜，穿着白色的衬衣，显得很儒雅。四十多年来，她第一次这么清晰地看到爸爸，眼泪不自觉地流淌，流淌。

原来，她出生后才几个月，爸爸就因为意外事故去世了。在她的人生经历中，只有"爸爸"这个词，却始终没有这个影。

"继续观想爸爸，看着他的脸，他的眼，他的整个身影。可以吗？"

"可以。"

"把你最想说的话，对他说出来。"

"不。"

"你想怎么样？"

"就只是看着"。

父爱缺失的伤痛，再多的语言都难以抚慰。她静静地凝视着，把父爱摄入心底。

我引导她观想一道白色的光，照着爸爸。爸爸融合在光里，慢慢地变小，慢慢地上升，一直上升到遥远的天际。

她与父亲的链接很顺畅，化解了父爱缺失所带来的伤痛。她明显地轻松了很多，坚定了接下来疗愈的信心。

父亲是创造的能量。链接父亲，就是与创造能量链接。链接得越紧密，能量就越强。

与自己融合

回溯到八岁的时候，她可以清晰地观想到自己在婶婶家，一个矮旧的砖木屋里。她在卧房中间站着，只是站着，什么事情也没有干。

我引导她问那个小小的自己："在想什么？"

她却不愿意开口，不愿意互动。

问她的身体有什么感受，她淡淡地说："正常。"

八岁的时候，表情、思绪都停在那里。她不愿意互动，不愿意穿越，不愿意深看自己。

仿佛一切都停滞了。

我让她陪着那个"小女孩"，只是陪着。慢慢地，她的眼泪流了出来。

"尝试着问她：'你怎么了？'可以吗？"

"可以。"

"她有听到吗？是什么表情？"

"还是那样。"

"继续。不停地问，重复地问。"

"你怎么了？你怎么了？你怎么了？……"

她说，看到那个小女孩子终于伤心起来，眼泪唰唰地流淌。

小女孩说，她很想买件花衣服，很想很想。同学们都有花衣服，只有她没有。可是找谁呢？唯有灯影下婶婶的身影和孤独的自己。

我引导她修改脑内图像来圆那个小女孩的梦。观想自己有钱了，从四面八方来的钱，足可以圆自己的梦。她来到了集市，看到了好多好多的花衣服。观想自己终于买到了想要的花衣服，脸上露出了欣喜的笑容。这时，她看到姑姑也给自己买来了花衣服。哈哈，她高兴得一蹦一蹦的，像过节一样，她觉得自己就是一个漂亮的小公主。

第四章　成为财富的管道

这时，我再次引导她去牵手那个小女孩。

奇迹出现了，她很自然地和那个小女孩牵手了。

"将你所有的注意力都关注在小女孩身上，可以吗？"我继续引导。

"可以。"

"看着她的脸，看着她的眼睛。想对她说什么？"

"我就想这样看着。"

"好的。"

她凝神地看着，就像看着久违了的朋友，宁静，柔和。

每个人的内在都有一个小孩，那是小时候的自己。儿时的伤痛会永远跟随自己，影响自己，除非被疗愈，与过去和解。

她开始牵手那个小女孩，并好好地注视着小女孩。她慢慢地在融合，一定会疗愈那个受伤的小女孩。

疗愈被虐待的伤痛

再次回溯小时候的自己，还是定格在八岁。

她说，在婶婶家，那个矮小的砖木屋里，看到自己头上全是大包小包，身上青一块，紫一块。

我引导她尝试着问这个小女孩："你怎么了？"

她不愿意说。

多问几次后，她说："没什么。"

我引导她不停地对着那个小女孩问："怎么了？怎么了？怎么了？"

慢慢地，她的眼泪潮水般涌出。

她说，小女孩在做饭，洗衣服，喂猪食，稍不注意就被婶婶打骂，拧掐。

她无数次想逃离那个家，无数次被婶婶打骂。

有一次姑姑来，她硬是拽着姑姑的手不放。她要和姑姑一起走，恳请姑姑带走自己，逃离那个不愿意想起的家。

可是，还是被拉回，被打骂一顿。

孤独的小女孩，无助的小女孩，倔强的小女孩，慢慢地把自己和婶婶相处的日子从记忆里抹去，不愿意想起。但孩提时受到的伤痛，却并没有随着时间的流逝而消除，也没有因为不愿意想起而减轻。这些伤痛，只不过藏得更深，更隐蔽。甚至幻化成另一种苦痛，时时地影响着自己。

只是自己不明白而已。

我让她问问当下的自己。在工作、生活、事业、财富、健康、心灵等方面，想怎么问就怎么问，能问多少问多少。

"为什么让自己忙得如机器一般？"

"为什么闲不下来？"

"为什么静下来的时候反而更加烦躁？"

"为什么那么爱买花衣服，却又很少穿？"

"为什么自己爱上服装设计这个职业？"

"为什么财富聚了又散，散了又聚？"

"为什么感到心慌，气短？"

"为什么核心员工在自己最困难、最需要的时候离开？"

"为什么自己在最关键的时候容易掉链子？"

"为什么容易被人算计？"

她问着问着，有了一种醍醐灌顶的感觉。她暮然发现，自己所从事的事业、正在遭受的境遇都与过去的因息息相关。

第四章　成为财富的管道

"原来是这样啊！"她深深地感叹道。

我乘机引导她用现在的心智去和小时候的那个自己对话。很快，她非常乐意地找到了那个受虐待的自己，与她对话，和她牵手，让那个受伤的小女孩"回家"。

"我应该感恩姊姊，要不是她，我早就被送到孤儿院了。"她终于醒悟过来。

因为小孩的心智不成熟，儿时的创伤会是各种各样的。一个发卡，一点零花钱，一件衣服，一个玩具，甚至一个眼神，一句话，都可以深深地伤害到小孩，形成卡点。唯有穿越到过去，直面它，看清楚它，才能彻底疗愈。

牵手妈妈

我引导她观想所有的关系。

她观想自己在开会，台下有亲戚朋友，有员工，有很多很多人，都在听自己讲话。很奇怪，她可以清楚地看到爸爸、公公婆婆、兄弟姐妹、丈夫、子女都来了，但始终没有提到一个人：妈妈。

"亲人都到了吗？"我问。

"到了。"

"都到了吗？"

"都到了。"

"不缺人吗？"

"不缺。"她回答得非常坚定。

"再仔细看看，除了爸爸，还应该有谁呢？"

"没有了。"

"那妈妈呢？"我只有直接点出来。

"没有。"

"仔细看，可以看到的"。

"不可能。"

在她的记忆里，完全没有妈妈的影子。

她在努力地搜寻，静静地深入到史深的意识层。

好久，她终于看到了妈妈。

"看到了，她来了。妈妈40岁左右的样子，高高的个头，修长的身材，穿着一身格子西装，一副职场女性打扮。精致，干练。"

"然后呢？"

"嗨，你好，欢迎。"她给妈妈打了招呼，居然像对待其他参会朋友一样，只是礼节性地招呼，并没有表现出久久不见的惊喜和激动。

"给她一个拥抱。"我提示她。

"不，就这样。"

"再看看，安排妈妈坐在哪儿？"

"在公公婆婆旁边。"

"没在爸爸旁边吗？"

"没有，就这里。"

"想对妈妈说什么？"

"没什么，这样挺好。"

"以前见到过妈妈吗？"

"没有，这是第一次。"

"看着妈妈的脸，她是什么表情？"

"挺开心的啊。她的鼻子很高，很有气质。"

"那就看着她，只是看着她。"

"嗯，在妈妈面前，我就是个小丑鸭，就是个小丑鸭。"

慢慢地，她噙满泪水，静静地守候在妈妈身旁。

妈妈去世很多年了。按照惯例，我要引导她用光送走妈妈，超度妈妈。

"观想一道白色的光照着妈妈，送走妈妈。"

"不。"她很坚定地反对。

"你想怎样？"

"让她留在身边。"

做了那么多个案，第一次出现这种情况。妈妈去世几十年了，却不想送走她，超度她，而是留下来。

"也好。那你想怎样留？"

"她就在我身边，不是，在我身后。我要她成为我的靠山，永远陪伴我。"她的脸上洋溢着甜蜜的笑容，仿佛一个被宠着的公主。

我引导她用心灵的相机，将这一场景拍摄下来，永远伴随着自己。

事后得知，爸爸去世后，在自己不到两岁的时候，妈妈改嫁。自己被送到叔叔婶婶家抚养长大。从此以后，再也没有妈妈的消息。妈妈什么时候去世的，不知道。只知道很久很久了。

今天，第一次看到了妈妈，并且把她留在了身边，成为了自己的坚强后盾。

妈妈是承载的能量，是幸福的源泉。和妈妈的关系影响着自己的承载力和幸福关系。她以前和妈妈的链接是缺失的，是否可以联想到曾经创造了那么多财富，为什么就载不住呢？

非常庆幸，她开始了与妈妈能量的链接。

成功女人的男人

她是一个成功的女企业家,热心,爽朗,雷厉风行。她全心支持老公办公司,做项目。而老公似乎是顽愚,不走心,扶不上墙,屡屡失败。

她迷惑,不知道该怎么办。希望我跟她的老公沟通沟通,开启他的智慧。

"你老公怎么了?"我问。

"唉,干啥都亏。现在居然背着我借钱投资,玩个什么新名堂。幸好我发现得早,及时止损了。"

"投资刚开始,怎么就是止损呢?"

"因为他从来就没有赚过。"

"哦,这可以成为因果关系吗?"

"这……"她眨了眨眼,依旧解释道,"我已经不相信他了。"

"那他以前是做什么的?"

"以前是体制内的人,吃香的喝辣的。我的事业有点规模后,他就辞职了。"

"然后呢?"

"他回来,我就把董事长的位置让给他,由他来管。但时间不长,就发现他太义气,不适合管理公司,就把董事长的位置换过来了。"

"然后呢？"

"给他钱做项目，一个都没有做成。"

她深深地叹着气。

"那他做什么顺手些？"

"搞关系，吃吃喝喝的事。"

"嗯，挺有意思的。许多女人评判老公成不成功，只有一个标准，那就是赚钱。"

"我可不是！老师。我不是那种只认钱的人。"没等我说完，她就抢着表白自己。

"哦，真的吗？"

"难道是……？"她有些疑惑。

"想想你的起心动念，那个没说出来的念是啥？"

"……"

我让她闭上眼睛，深深地吸气，缓缓地吐气，慢慢地回归到自己的内在。

"重复地说出你前面说的话：'我把董事长的位置让给他。'看看身体有什么感受？"

她很认真地重复着自己说的话，不觉打了一个冷禁。她慢慢睁开眼，望着我，略有所悟地说："是我的问题吗？"

"你说呢？"

"哎呀，还真是！我刚才重复说的时候，浑身一阵冷，我好像感受到了老公的感受。我总是希望他做项目，赚钱。其实内在的声音只有一个，男人就应该赚钱。我太控制他了，从来也不相信他。我真的不懂他。"

"那怎么办？"

她有些哽咽，但很快转过来："是我错了，我要改。支持他做他想做的事。"

她悟得很快。只不过在悟之前，用了好多年的时间，跌跌撞撞，磕磕碰碰，全为了今天的开启。

男人的胸怀

她说，近两年经常头痛，睡不好觉。生意受新型冠状病毒感染疫情影响非常大，快支撑不住了。还有就是被骗了好多钱，一想到就心痛。关键是，看到老公就烦。

"你目前的主要问题是什么？"

"身体上，头痛。生意上，急。和老公的关系上，看到他就烦。"她快人快语，出口就像放连珠炮。

"了解。这些问题中你最想解决的是什么？"

"唉，和老公的关系问题。"

"怎么了？"

"不想见他，见他就烦。"

"他怎么了？"

"怎么就不做点事？整天无所事事，游手好闲。"

"哦，怎么游手好闲？"

"看手机，打游戏。"

"哦。他没有工作吗？"

"退休了，提前退休。"

"好啊，有工资吗？"

"有。工资跟以前一样，只是不需要上班了。"

"哇，那多好！"

"好个鬼哟，烦死人。"

"你不上班，不工作有钱吗？"

"没有。"

"嗯，觉察到了点什么？"

"是啊。他好像比我优越。"

"那为什么还烦他？"

"总觉得男人应该再做点事。"

"那是他自己的决定。"

"可是，我还是觉得……"

"觉得什么？是他的问题，还是你的问题？"

"不知道。"

"没关系，我们一起来做个穿越。"

我引导她轻轻地闭上眼睛，深深地吸气，缓缓地吐气。随着一呼一吸，身体越来越放松。慢慢地回归到自己的内在。

"将注意力放到你的呼吸上，可以觉察到自己的呼吸吗？"

"可以。"

"很好。把注意力放到你的头痛的地方，尝试着去感受你的头疼。可以吗？"

"可以。"

"继续感受它，不要做任何的评判。"

她不再像刚才那样情绪激动，语速飞快。她慢慢地舒缓下来，眼眶里滚出泪珠，一闪一闪的。

"这期间有什么画面出现吗？或者说想起了什么事？"

"没有。"

"也好。把你老公观想到面前，可以吗？"

"可以。"

"看到他是什么表情？"

"笑嘻嘻的样子。"

"了解。想对他说什么？"

"老公，我知道你很心疼我，无论我怎么发脾气，你都只是笑。其实，是我把生意上的不顺，赖在了你的身上。对不起，老公。"

"感觉老公听到了吗？"

"听到了。他走过来给我擦眼泪。"

"继续。"

"他对我说：老婆，生意上的得失很正常，哪有只赚不赔的买卖？大不了从头再来。就算赔光了，还有我呢，我有退休金呀。穷不死，饿不死，愁个啥呢？"

她穿越着，不觉间，泪水已经化开了脸上的粉脂，透出红润的光。

老天爷

"我这样勤奋努力,一定会被老天爷眷顾的!"他高喊着,好像要让老天爷听到。

"谁说的?"我轻轻地问他。

"我自己说的。"

"老天爷有听到吗?"

"不知道……"

"从什么时候开始有这样的念头?"

"从我开始失意的时候。"

"现在好了吗?"

"唉,不谈。"

"觉察一下你身体的感受,是感恩的?烦躁的?平静的?抱怨的?"

"烦躁的、抱怨的。"

"重复这句话,你的真实的表达是什么?"

他停了停,好像在找感受。他有些沉闷地回答:"我这样勤奋努力,老天爷为什么不眷顾我。"

"你的情绪是什么?"

"抱怨的。"

"重复这句话,直到你内心平静。"

"我这样勤奋努力,老天爷为什么不眷顾?我这样勤奋努力,老天爷为什么不眷顾?……"

"感受到了什么?"

"其实,是自己并不努力,也不专注。浮躁,好高骛远。"

"那应该怎么样?"

"静下来,聆听真实的声音,重新开始。"

"老天爷在哪里?"

"在我的内在。"

"老天爷有眷顾你吗?"

"有,时时都有。只是自己没有感受到。"

他仰起头,挺直了腰杆,举起拳头挥动着,自信满满,仿佛自己就是老天爷的宠儿。

第五章

疾病只是一种信号

　　两兵交战,不斩来使。疾病是信息的传递者,告诉我们思想和行为偏离了航道。可是我们却千方百计地要制服它,消灭它。

　　结果可想而知。

怕血的孩子

这是一个刚十岁的男孩，叫玄子。妈妈说他非常胆小，总是有心事的样子，防人之心特别重。晚上睡觉之前都要反复查看大门、房门，确定门闩好了才能睡。他对妈妈特别黏糊，生怕她跑了似的，常说："妈，你不会不要我了吧？"

为了了解和消除他的恐惧，我们开启了一段充满奇迹的陪疗之旅。

怕血

我们一起品尝当地的美食。其中有一道菜叫毛血旺，是餐馆的特色，便点了一个。当这道毛血旺端上桌，我特别给小玄子夹了一块。他一看，立刻尖叫起来："快拿走！快拿走！"便迅速地扑在了妈妈的怀里，气喘不止。

妈妈连忙解释说，他天生就不吃猪血、鸭血之类的东西，连看都不愿意看。

看到刚才发生的一幕，我大慨知道了小玄子的问题：怕血。

那他为什么怕血？为什么有那么多的怕字？为什么疑心重？为什么总是黏着妈妈，害怕失去？

我把焦点转移到了妈妈身上。在与她的沟通中，了解到了真相。原来，小玄子并不是她亲生的，而是抱养的，小玄子的出生充满了神秘色彩。

妈妈是一名妇产科医生，经营着一家社区医院。在一个寒冷的夜晚，她正准备下班，一个挺着肚子的孕妇来到她面前，突然跪下，哭着说：帮她打掉孩子吧，她还是个学生，要不然，就要被学校开除了。

她连忙拉起这个孕妇，发现她不过十八九岁的样子，身孕已有七个多月。在详细了解情况后，知道孩子已不可能再继续怀着，必须尽快采取措施。药物流产是不可能了，只有手术。就这样，孩子在一阵手术刀啊、剪子啊的叮当声中，带着满身的血汁被强行从妈妈的腹中取出。

孩子在医院待了三天，居然活着。那个神秘的妈妈早在手术后的第二天就离开了。怎么办？她陷入到进退两难中：如果送到福利院，孩子太小，难以养活。她更不可能去找那个神秘的妈妈，她必须严守秘密，因为这关系到那个妈妈的一生。

她做出了一个出人意料的决定，抱回家自己养。尽管家里人都反对，但是没有更好的办法呀，只有暂时收养着吧。

只是这一养就是十年，他真成了自己的儿子。

在回溯这段经历时，她完全沉浸在过往中，同情、怜悯和爱再次在她的身体里穿越。寒冷、夜晚、下跪、哭泣、血迹、遗弃，抱养，就是小玄子来到这个世界的礼物。她豁然明白：为什么小玄子天生不吃带血的东西，原来是怕血。甚至连红色的衣服都拒绝穿，原来都是一个字：怕。

感恩

第二天我们准备出去。临出房间的时候,妈妈将脚伸进旅游鞋,却并没有用力穿进,而是把脚半搁在鞋子上。小玄子见状,马上跑过去。他蹲下来,帮妈妈穿上鞋,娴熟地系好鞋带,然后起身。

他望着妈妈,开心地说:"好了,妈妈,可以出发啦。"

这一切显得那么流畅,自然,好像并不是偶然间的举动。

"孩子经常这样吗?"我问。

"是的。我每天出门他都帮我系鞋带。"

"你要求的吗?"

"不是。这孩子挺会观察,挺懂事。我需要什么,他都能心领神会,还会很快去做。"

"不只是系鞋带?"

"是啊。比如今天早上起床,就是孩子叫醒我的,闹钟都闹不醒我。平时有什么事要提醒,都是孩子来做,已经养成一种习惯了。"妈妈越说越兴奋,充满自豪感,"这孩子很懂得感恩,没有白白地抱养。"

"你是说感恩你,你抱养了他?"

"那当然,嘿嘿嘿。"

"说不准谁更需要谁呢。嗯?"

我只是信口开河一说,妈妈却听得一头雾水,向我投来不解的目光。

我只笑,不语。

自己吓自己

小玄子很快就对我产生了信赖，有许多小秘密都会告诉我。比如平日里只和妈妈在一个城市里生活，姐姐和爸爸则在另外一个城市，一年中回来不了几次。爸爸从来不干涉自己，不像别的孩子被管得死死的。姐姐很喜欢自己，最开心的是姐姐买的礼物。不过，还是妈妈对自己最好，但是很有点怕她。如果妈妈出差的话，自己就会被送到姨妈家，那是最难熬的时候。

这些秘密是小玄子的妈妈不曾介绍的。小玄子和妈妈所处的环境、链接是独特的，小玄子的内心世界有自己的一杆秤。

小玄子还有一个大秘密，他很神秘地告诉了我。

他写了一篇网络小说，叫《黑白无常推演日记》，计划写十记，已经写了第一记。他说是他的脑洞神作，他的小朋友粉丝量已经九万多，不几天就会超过十万！

小说中的人物有谢必安、范无咎、黑无常、白无常。单从小说名字和人物名字，就知道小玄子的内心世界已无幼小之说。小玄子还说，小说的下一集是写下水道黑洞里的命案，已经构思完成。

"你为什么选择这些杀人的故事？"我看了他写的内容后就问。

"不知道。"他马上自信地补充道，"我不是说是我的脑洞神作吗？"

"什么是脑洞神作？"

"就是很快写好了，不需要太多的思考。"

"哦，那很快是多长时间？"

"一个晚上。"

"啊……"

轮到我惊讶了。

"这些故事就像经历过似的,我会呆在里边。"

"经历过?"

"就是很熟悉啊。"小玄子有些得意。

"写这些鬼怪命案的时候害怕吗?"

"怕……"

我问这个问题的时候,才注意到小玄子由先前的站着,不知什么时候蹲在地板上了,身体蜷缩着。我要他坐到椅子上,他不肯。他说,肩膀重重的,凉凉的,好害怕。

我让他闭上眼睛,把自己观想在面前。然后对着那个自己重复说:"小玄子,吓唬谁呢?自己吓自己。"

他重复地说着,身体慢慢地开了,挺直起来了。

我要他一旦感到害怕的时候,就念这句话,重复地念,就会有奇迹。要把这句话当口诀,记牢,念熟。

小玄子点着头,站起身来,伸着懒腰。开心地说:"好轻松啊!"

面对

我们一起游览的景区有一个景点,叫劝世园。通过各种造型展现地狱场景,劝世人诸恶莫作,众善奉行。

刚进院门,小玄子对景区名字劝世园很感兴趣,一番研究起来。他解释说,取这个名字是劝说世界上的人要好好做人。他的思维很活跃,还提出一个疑问:"一个园子可以劝说世人吗?"

比起同龄的孩子,他多了一份走心的部分。

景点有许多阴森、恐怖的场景,什么审判,带枷锁,鞭刑,上吊，自杀等。小玄子刚开始需要挽着妈妈的胳膊才能前行，观看。在我的讲解鼓励下，他慢慢放开了妈妈的胳膊，还兴奋地在我们的前边带路，边走边看边讲。

突然，他尖叫一声扑向我，把我的胳膊拽得紧紧的，整个人倒向我，身体发抖，大喘着气。

我稳住他，朝前方看去。原来，前边是描写地狱开肠破肚的画面，血迹飞溅，流淌了一地。小玄子出生时被手术刀切开，浑身血淋淋，强行从妈妈肚子里取出的细胞记忆再次被激发，让他产生了条件反射，恐惧，惊吓，发抖。

小玄子的真实出生经历，他并不知道，也不能让他知道。至少现阶段，在小玄子的认知还不足以承担相应的打击的时候，是不适合让他知道自己的身世的。所以，不能直接透过细胞记忆来消除小玄子出生时的恐惧，必须另辟蹊径。

我稳住小玄子，让他重复告诉他的口诀。

他颤抖着，但很认真地念起来："小玄子，吓唬谁呢？自己吓自己。小玄子，吓唬谁呢？自己吓自己……"

几分钟过后，小玄子松开了我的胳膊，站稳了。

我让他再次去看刚才那个场景，尤其是那一块一块的血迹。奇迹出现了，小玄子能正面直视血迹，不再害怕了！

打坐

陪疗过程中有一个内容是打坐体验。这对许多成年人来说，都显得枯燥无味，没兴趣。没想到，小玄子显得很好奇，很期待的样子。

"是要去做和尚吗？"小玄子歪着脑袋问。

"哈哈，你的想法呢？"我把话题扔了回去。

"我只能做小和尚了。"

"好啊，想去吗？"

"可是，要我妈妈一起去。"

"哈哈，当然了。"

一段对话，慢慢开启小玄子的心性。不过，我借机给他讲述了打坐的基本常识。打坐，也叫静坐，并不是和尚的专利，我们每个人都可以学习。还告诉他，打坐的真正目的是静心，特别是可以开启智慧。

他睁大着眼睛听着，不停地"哦，哦"，更加坚定了打坐的信心。

打坐在凌晨五点正式开始，四点半就要起床，这确实是一个挑战。没想到，凌晨五点之前，小玄子就和妈妈来到了禅堂。

妈妈说，是小玄子叫醒了自己，不然就睡过头了。

后来的几天里，每天凌晨都是小玄子叫醒妈妈，每天他们都提前到达。

打坐时，小玄子盘腿，直腰，闭目，结定印，有模有样，似乎早就学过似的。累了，他会原地睡下，不吵不闹，更不提前走出禅堂。

这个时候，妈妈会指责他，说他不用心，让他干脆回宿舍去睡。我说，作为十岁的孩子，这已经非常棒了。况且，在禅堂睡觉，一样可以感受到这里的能量场，打坐睡觉两不误啊。

几天的打坐体验结束，小玄子的精气神明显提升了。他还问我："老师，什么时候再带我打坐呢？"

登高

我们决定去挑战登高,登上八十多米的飞天塔。

我问小玄子:怕不怕?他轻松地答道:小菜一碟。

可是到了飞天塔下,头需要完全仰起才能看到塔。尤其塔顶是透明的玻璃,人好像被悬挂在半空中,荡来荡去。一些成年人深深地吸口气,调整调整了才敢上。

小玄子畏缩了,要我去退票。

"我们来的目的是什么?"我提醒他。

"登塔。"小玄子有些逃避。

"为什么登这么高的塔?"

"挑战。"

"挑战什么?"我紧逼着问。

"恐惧。"小玄子说的声音很小很小,好像恐惧二字都带有恐惧似的。

"我们有秘密武器呀!在劝世园用过的,已经用过好几次了哟!"

小玄子这才记起自己有秘密武器,立马来了精神。他对着塔,直直地站着,慢慢闭上眼睛,深深地吸气,吐气,嘴里开始念着:"小玄子,怕谁呢?自己吓自己!"

几分钟后,他睁开眼睛,对着我说:"上。"

登上塔顶,只见塔的圆周全是玻璃,并且向外倾斜45度。只有少部分胆大的人敢靠上去。

小玄子闭了一会儿眼,口中念念有词。待及睁开眼,就毫不犹豫地靠了上去。

我立即给他拍了几张照片，有种飞一样的感觉。

"来吧，老师。"小玄子调皮地向我做了个邀请手势，这下可好，我被将在了那儿……

天使

一个星期的陪疗旅程就要结束了。小玄子像换了一个人，不再恐惧、胆怯。他变得开朗、活泼，有时候还展现出玩皮、天真的特性。看到这些变化，小玄子的妈妈直呼：太神奇了，太不可思议了，太感恩了。

我把这几天拍摄的照片整理成电子相册发给她，她看到后，很是欣喜。但看着看着，竟抽泣起来。

"怎么了？这么感动啊，瞧把你美的。"我开玩笑地说。

她的泪流得更凶，好不容易才强忍着停下来。说："十多年了，我没有拍过一张照片。"

"不会吧？你把这么美的身姿给浪费了。"

"唉，哪有心思。"

在叹息声中，她第一次向外人讲出了她的个人隐私。原来，她和老公是高中时的同班同学，老公是班长，自己是文体委员，是一对曾同窗共读整三载的恩爱夫妻。两人结婚后并不在一个城市工作，聚少离多。本以为"有情人终成眷属，又岂在朝朝暮暮"的浪漫，几年后却发现，老公身边私藏了一个女人。为了面子，也为了老公的仕途，她选择了封闭自己，白天人前风光，晚上独自愁怅。

"如果不是小玄子的出现，也许我真的没有勇气活到现在。"

"哦？"我诧异着。

"我准备了足够量的安眠药。但每次看到小玄子,我就打消了结束自己的念头。"

"哦!"

"这次陪疗,对我的触动很大,也开启我很多。过去,我一直以为是我救了小玄子,我是他的救命恩人,他要感恩我。现在才明白,我更需要小玄子,他是上天特地派来护佑我的小天使啊。"

我突然想起陪疗开始的时候,小玄子给妈妈系鞋带,我无意中蹦出的那句话:"说不准谁更需要谁呢"。看到她现在终于醒悟,我欣慰地笑了。

抑郁只为唤醒

十一岁的女生，读六年级。有一天她给妈妈写了一封信，没有文字，只是由三个图画组成：一把剪刀，一瓶安眠药，一根绳子。妈妈并没有在意，以为孩子在做恶作剧。直到她看到女儿洗澡时胳膊上露出的一道道伤痕，才感到问题的严重性，便急忙去求医。

医生诊断为抑郁，要家人重点陪护。

孩子借病表达不满

幸好没吃药，幸好来咨询，幸好及时。

孩子叫心儿，带着她来咨询的是爸爸，妈妈并没有来。爸爸憨厚，没有多少言语，也没有怎么介绍女儿的状况。只是说本来是她妈妈带着来的，她临时有急事需要出差，来不了。自己带孩子来，希望我全力帮到她。

当然，在老师这里，并不需要家长太多的介绍，孩子的一言一语，一举一动，都会告诉答案。

在咨询的时候，心儿并没有表现出抑郁症孩子的那种沉默寡言。倒是有些多动，显得对我这儿十分熟悉的样子。

她一会儿在我的书桌上翻开书瞧瞧，一会儿又跑到窗户边欣赏外边临湖的风景，赞叹环境好美。一会儿又上下打量起这儿的中式装修，还连连称赞："老师这里的布置好有味啊。"她即便坐下来，腿脚总不停地踩着节拍晃动。

心儿的爸爸在一旁不停地叮嘱："别动，别动，规矩一点！"末了，有些歉意地对我说："对不起，老师。这孩子比她弟弟还好动！"

我微笑着，并不去评判。而是对心儿说："心儿，你喜欢和爸爸交流还是和妈妈交流？"

"都不喜欢。"她不加思索，很干脆。

"相比较的话，会喜欢谁多一些？"

"爸爸吧。"

"哦，那为什么不喜欢妈妈呢？"

"她心里只有钱，整天忙东忙西的。还经常出差，好多天都见不到人影。"

"出差了可以电话、微信沟通啊。"

"算了吧，我也不愿意。"心儿的回答没有丝毫遮掩。

"你和同学的关系怎么样？"

"一般般吧。但有一两个同学，我们走得很近。"

"都聊些什么呢？"

"什么都聊，好像她们比较自由。"

"哦，你不也自由吗？"

"唉，怎么可能？爸爸整天唠叨，这不让干，那不让干。这没有做好，那没有做好。烦死了。"

从爸爸刚才对心儿的阻拦中可以明显地感受到孩子被限制。爸爸多数情况下都会指指点点，美其名曰关心和爱护。但他并不明白这些行为却伤害着孩子。

"你为什么给妈妈写那封信？"

提到这个敏感的信，心儿一下子沉默下来，眼泪不停地往下掉。好久，轻轻地挤出一句话来："他们眼里只有弟弟。"便不再多说。

一个多小时的交流很快过去。令人欣喜的是，心儿的问题并不大，甚至可以说，没有问题。倒是心儿的爸爸妈妈亟须深度沟通和交流。

"下次让心儿的妈妈单独来沟通，可以吗？"在对心儿的爸爸作了一些交流后，我对他提出了要求。

"太好了！"没等到爸爸开口，心儿竟抢着回答，好像获得了什么宝贝似的。

不被欢迎的孩子

心儿的妈妈出差一回来，就赶过来咨询。

她说这几天在外头，心里特别不安，总是担心孩子。晚上睡觉总出现孩子画的三个图，和孩子胳膊上自残的印痕。她不停地对我说："老师，救救孩子，救救孩子。"

我向她详细介绍了心儿的沟通情况，也简单交流了心儿的爸爸应该修正的思想。便对她说："也许需要拯救的不是孩子，而是大人啊。"

"啊……"她心头一惊，不解地问道："我和她爸爸吗？"

"是的，特别是你。"

她的眼睛一下子迷茫起来，无助地看着我，既而肯定地朝我点了点头。

她深深地吸了口气，说："说是出差、忙，其实是想逃避。我快坚持不下去了。"

她开始流泪。

"我们本来没有攒到什么钱。这两年，老公把那点积蓄用于炒什么币。刚开始投了一点，很快就赚回来了。他觉得找到了金矿，就把所有资金都投了进去。可不到半年，上面的资金链断裂，全部崩盘，所有的钱已血本无归。"

"这种资金盘本身就是骗人的，必须远离。钱亏了还是可以赚回来的，只要夫妻同心，其利可断金啊。"我安慰她。

"唉……"她长长地叹着气，噙着泪水看向窗外，她有想说而无法说出的苦衷。

我引导她深深地吸气，吐气，回归到自己的内在。慢慢地，隐藏了十多年的秘密，第一次吐露出来。

原来，她在与老公结识之前，刚刚经历了一段刻骨铭心的悲痛之恋。她深恋的人居然是一个有家室的人，当她知道真相后，那个男人便从人间蒸发一般，没有了任何音讯。她痴痴地寻找、等待，只希望问他一句"为什么"。

但现实没有给她这个机会，却给了她另外一个男人的温暖。很快，他们就走入了婚姻，也很快怀上了孩子，也就是她的女儿心儿。

然而，她的梦里出现的仍然是那个以前欺骗她的男人。她不相信那个男人是骗她的，她依然幻想着有一天他会突然回来。她后悔这么快走进了婚姻，怨恨自己这么快就怀上了孩子。她无数次在心里诅咒这个孩子，希望她早产掉下来，甚至还偷偷地吃了打胎药，她不想这个孩子成为自己的羁绊。

第五章　疾病只是一种信号

只是孩子命大，硬是在妈妈的诅咒中来到人世间。当护士把女儿抱到她身边时，"我看都没有看，不想看"，她完全沉浸在过去的回溯中，真实地坦露着当时的心境。

我让她把那个婴儿观想在面前，用光照着她，重新给她温暖。她伸出双手，做拥抱状，满眼悔恨的眼泪，哭泣着说："心儿，宝贝，妈妈对不起你！对不起你！"

一直跟随的亡灵

我让她把心儿现在的样子重新观想在面前，希望她能向女儿忏悔。没想到，奇异的一幕出现了。

她看着心儿的脸，嘴里不停地说："对不起，对不起，妈妈对不起你。"

几分钟过去了，她突然停顿下来，惊慌地说："心儿不见了，心儿不见了！"

"没问题，你是安全的。继续。"我安慰她。

她在努力地看清什么。不一会，又变得焦躁和不安起来。

她用颤抖的声音说："怎么变成了你？"

我能感知到什么，继续安慰她说："没问题，你很安全，继续。你看到了谁？"

"小时候淹死了的伙伴。"她仍诧异，但很肯定。

"了解，继续。都发生了什么？"

她穿越到了小时候，儿时所经历的一件事像电影一样清晰地呈现出来。

她说，她和这个小伙伴都不到十岁，她们一起在村子边上的水渠边玩耍，捡拾一些玛瑙石。突然，那个小伙伴尖叫一声，一下子滑入水中。小伙伴不停地在水里扑腾，却离岸边越来越远。

她吓傻了，拼命地哭喊，可是周围没有大人。没多久，就眼睁睁地看着小伙伴淹没在水里。

等到村里人赶来，小伙伴已溺水而亡。她感觉到，周边全都是哭声，喊声，叫声。还有的人在指责她，骂她。可她懵懵的，早已魂不守舍。

"你为什么总是跟着我，是你自己掉进水里的呀！"她慢慢平静一些后，指着自己的右侧边说道，似乎那个溺亡的小伙伴就在身边。她还不停地做着驱赶的动作："走开啊，别跟着我。我好害怕！"

恐惧还深深地影响着她。唯有真诚表达，才能达成小亡灵的谅解。

我对她说："你很安全。继续看着这个小伙伴，对她表达你的懊悔和歉意。"

她再次侧身，仿佛对着溺亡的小亡灵，真诚地说道："对不起，我没有能力去救你，我好自责！对不起，如果我没有和你一起去玩，你就不会出事，我好自责！对不起！真的对不起！二十多年来，我不时地会想起你，我也很害怕。但我不知道该怎么办，唯有默默地自责。对不起，对不起。"

她说着，泪水湿透了衣襟。

我引导她观想一道白色的光照着溺水女孩。溺水女孩在白色的光中充满了温暖，并随着光慢慢变小，慢慢变小，慢慢远去，渐渐地消失在了遥远的天际。

二个多小时过去了，她仿佛从一个迷茫、浑沌的世界中回到现实，内心一片清静，明朗。

第五章 疾病只是一种信号

幻想症

欢欢是他的小名,刚过十岁,读小学四年级,性格有些内向。突然一天不想去上学了,爸爸妈妈问他怎么了,他却不开口,只是默默地掉眼泪。到学校了解情况,没有发现他和老师、同学之间有不愉快的事情。被问急了,他说:"说出来你们也不会相信的,和我一起玩的好伙伴不见了,再也见不到他了。"爸爸妈妈一听,非常担心,再次跑到学校询问,得到的答复是没有孩子失踪,小区里也没有孩子失踪。

爸爸妈妈带着他去看医生,得到的结论是:幻想症。

坏人

第一次来咨询,是欢欢和他的爸爸妈妈一起。

他个头不高,比同龄的孩子显得弱小了不少。他手里玩着手机,不时地会发出"嗨嗨"声,很是陶醉。妈妈总是阻止他玩手机,要他听话。我却说:没事,玩会儿。于是,欢欢再次沉浸到自己的世界里。

"欢欢,来,画个画,可以吗?"他的妈妈介绍过,他特别喜欢画画,在学校里的兴趣班就是画画。

"嗯,画什么呢?"他没有犹豫,挺自信的。

"都可以,你爱画啥就画啥呗。"

他拿起笔,三下五除二,一幅威风凛凛的变形金刚出现了。他将笔衔在嘴边,歪着头,端详着自己的作品,露出了几分满意的笑容。

一个多小时的观察,他并没有异常的举动,除了言语少一些外。于是我切入正题,就问他:"欢欢,那个失踪了的小朋友长什么样子?"

他一听,立即沉默了下来,低下头。无论怎么启发,他不再开口。

"他就是胆小,太胆小了。"在一旁的妈妈有些焦急地说。

"哦,了解。"

"因为太胆小,我总是担心他,叮嘱他。要他不要跟陌生人讲话,要提防坏人。"

"哦?坏人?你经常叮嘱他提防坏人吗?"

"是的。不管是上学、放学,还是出小区的门,只要他独自出去,我都会叮嘱这句话。"

妈妈的回答,无意中打开了孩子幻想症背后的秘密。我把沟通的重点放在妈妈身上,引导她回归到自己的内在,去洞察她从来没有被关注的内心世界。

我让她轻轻地闭上眼睛,深呼吸。她很快就进入到自己的潜意识,她的头开始不由自主地点着,仿佛小鸡啄米。

"把欢欢观想在面前,可以吗?"

"可以。"

"他是什么表情?"

"沉默的。"

"看着他的脸，对他不断地重复说出你常常挂在嘴边的那句话：要提防坏人，要提防坏人。可以吗？"

"可以。"

她认真地说着，重复着。大约七八分钟，她惊恐地大叫起来："看到了，坏人！"

这情形吓得她老公睁大眼睛，担心地望着她。

"哦，你是安全的。继续，讲出你看到的。"我安慰着她，鼓励她继续往潜意识里找，也示意她老公别担心。

她说，她看到一个蒙面的坏人，就在校门口，要伤害欢欢。她大声呼喊，呼吸紧张，浑身不停地抖动。坏人转身逃跑，她在后面追。她越来越紧张，害怕，呼吸越来越急迫，但仍然没有放弃追赶。离坏人越来越近，她越害怕。越害怕，却越想看清楚。她看到坏人戴着面具，露出额头和下巴，下巴还有一茬一茬的胡子。

她大声地呵斥："你究竟是谁？为什么跟随我的孩子？"

可是，坏人还在逃避。

我让她把注意力集中到坏人的脸上，不停地问他："你究竟是谁？你究竟是谁？"

她不停地质问坏人。突然，好像噎着了一般，停顿了几秒。然后，哇的一声哭喊出来："爸爸！是爸爸！"

坏人是爸爸，她的哭声撕心裂肺。

在进一步地回溯中了解到，十多年前，她爸爸生了重病，多方医治无效，自知时日不多。他希望在有生之年能看到女儿出嫁，便为他们确定好了婚期。但天不遂人愿，就在她结婚的前几天，她爸爸还是带着万般的遗憾和不舍去世了。

她是带着巨大的悲痛走进婚礼的殿堂的,她长时间陷入到一种悲观、自责和恐惧中,她感受不到新婚的快乐。

我让她继续观想着爸爸,以现在的口吻,把自己的家庭婚姻和工作等情况,全都告诉爸爸,并请他放心。她说,她很想念爸爸,希望爸爸早日到达天堂,不再受苦。她还说,她看到爸爸满意地笑了。

我引导她观想一道白色的光照着爸爸。爸爸在白色的光里,慢慢变小,慢慢远去,直到消逝在遥远的天际。

她从潜意识里走出来,觉得浑身轻松,嘴角露出了微笑。

她老公看了看她,惊喜地说:"太神奇了,你的脸真是容光焕发,精神多了!"

"妈妈,你变漂亮了!"在一旁的欢欢也欣喜地插过话,撒娇地倒在妈妈身上。

孤独与恐惧

第二次来咨询的时候,一家三口都显得十分轻松,好像是出来旅行的。欢欢仍不太愿意交流,就干脆让他打游戏,妈妈和爸爸则再次体验和孩子之间的内在联系。

妈妈回溯着欢欢十岁生日时的场景。她说,当天客人很多,他和小朋友们在公园里追逐嬉闹,非常开心。可是不一会儿,进入潜意识的她开始惊恐起来,身体发抖,嘴里不停地唸叨:"欢欢呢?欢欢到哪里去了?"

她呼喊着,到处寻找,带着哭声。她说,她还是没有看到欢欢,好害怕出什么事。

爸爸在一旁,已无法冥想,便眯起眼睛看热闹。他知道,生日那天欢欢好好的,根本就没有走失啊!

妈妈继续讲述着潜意识里的经历。她到处寻找孩子,嘴里喊着"欢欢,欢欢"。不觉间,她来到茫茫的水边。她不知道为什么站在了一条船上,巨浪拍打着船沿,她的整个身子不停地晃动。她惊恐万分,不停地发出啊啊声。

她觉得自己漂流在海上,不知道要到哪里去。她漂流了好久好久,突然,惊喜地喊道:"城堡,啊,我看到城堡了!我到家了!"

她穿越到了另外一个世界。

她说,她看到自己是一个公主,身材高挑,穿着长飘飘的裙子,美丽而高雅。她站在城堡内,上下走动,显得十分不安。她来到城堡窗口,探出头望向远方,好像在期待什么。突然,她用一种古怪的语言,十分惊喜地喊道:"他回来了!"。她看到一位身着铠甲,头戴鸭舌帽,腰佩宝剑的骑士飞一样来到了身边。他英俊潇洒,气度不凡。她说,他是她的未婚夫,刚从战场上回来,打了胜仗。

她回溯的时候,脸上泛起红晕,嘴角微微颤动着,好像要表达什么。

"你很安全。你想怎么样?"我对她提示道。

"我想亲他一口。"她回答。

"当然可以啦。"

她做出亲吻的动作。

那一刻,时间是凝固的。她老公在一旁看到这奇异的穿越,一愣一愣的。他深信,那个公主和骑士,和现世的家人一定有着某种不解的因缘。

我引导她看清楚骑士和现在的家人有什么关系,她毫不犹豫地说:"就是欢欢呀!"

她继续沉浸在过去的那一世中。她呆在那儿,自言自语道:"他走了,去到远方,再也没有回来。我好孤单,好孤单。"

过了好久,她才慢慢平静下来。

我引导她继续看清未知的自己。她说,她来到了另外一世。

她嘴里一阵喃喃细语,她说她看到了好大的一块草坪,有好多小孩儿在那玩耍。其中一个十一、二岁,穿红色裙子的女孩特别地显眼,特别地吸引到她。她好奇地走近,似乎是要努力看清的样子。

停了一会儿,她突然惊叫起来:"小女孩倒在地上了!不动了!"

她奔跑过去,想去扶起小女孩。

"她死了!"她惊恐着,继而大哭着喊起来,"啊,是妹妹!是妹妹!呜呜呜……"

她的哭声,肝肠寸断。

我引导她用光超度了那个女孩,她才慢慢地平静下来,倦怠地睁开眼。

原来,她有一个妹妹,比她小两岁。妹妹十二岁的时候,得了肾炎,家里为她到处寻医问药,但还是没有挽救她的生命。那时候,她也只有十四岁,不懂得死亡的含义。她不但没有同情妹妹的死,甚至生出几分怨恨。她怨妹妹花光了家里的积蓄,还欠下债务,使得她们家贫穷如洗。

但是,随着时间的推移,年龄的增长,她才意识到妹妹再也没法回来了。她越来越感到人世间的孤单和寂寞。一种自责和忏悔时常缠绕着她，令她窒息。她很少有笑容，她的心门总是紧紧地闭着。

这次回溯，总共四个多小时，曲折回环，惊心动魄。结束的时候，她并没有丝毫的疲惫，而是如释重负，一脸轻松。她举起双手，惬意地伸了个懒腰，露出了久违的微笑。

不被期待的孩子

欢欢的爸爸妈妈参加了一次集体疗愈课。

课中有一个环节是疗愈流产和堕胎孩子的创伤。有了前两次的体验，他们更深刻地认识到欢欢的幻想症不是孤立的，而是父母的孤独、恐惧在孩子身上的一种投射。

妈妈很快进入到潜意识。

她说，怀欢欢的时候，自己并没有准备好马上怀二胎，要等到第一胎的女儿大一些、经济条件好一些了再作打算。当得知自己意外怀孕了的时候，她并没有高兴。她觉得怀这个孩子的时机不对，家庭条件不容许，甚至产生了去做引产手术的想法。后来，由于家里老人的强烈反对，才勉强同意留下孩子。

她清楚地记得，欢欢呱呱坠地后，护士抱过来对她说："恭喜恭喜，一个帅小子！"

可她并没有因为是儿子而兴奋，依旧只是淡淡的心境。尽管她已经生有一个女儿，急需生育一个儿子来使人生圆满。

"欢欢睡在我身边，我真的懒得去看。"她如实地陈述着当时的情景，"欢欢的名字是他奶奶给起的，代表了她们的心声。那时，我真的没有那么多欢喜。"

我引导她观想一道绿色的光，一道爱的光，照耀着小欢欢。

他在光里温暖着，滋养着。这道绿色的光慢慢扩大，扩大，一直延伸到妈妈的心口，和妈妈紧紧地连在了一起。

"欢欢的内向与我们的起心动念有关系吗？"她有些忐忑地问。

"你觉得呢？"

"欢欢的幻想症，唉，就跟我回溯的经历一样。"

"终于明白了？"

"嗯。"她点点头，长长地舒了一口气，没有让眼泪流得那么多。

她终于明白，自己的孤独情绪并没有了结，还在她的细胞记忆里反复酝酿，滋长。特别是父亲、妹妹的去世，给她留下了太多的悲伤、自责和无奈。她深深地知道，是她自己给孩子埋下了"不需要"的种子，是自己给孩子虚幻了那么多的坏人，是自己用一根无形的绳索一点一点地把孩子束缚了起来。

"自责了吗？"我故意问。

"没有，老师。我明白了，没有白白地经历。"

她好像被触动了，想起了什么，兴奋地说："老师，忘了给您汇报欢欢这段时间的变化，可大了！前几天，我和他爸因为一些事生气。欢欢看到了，竟主动地来逗我，说：'妈妈，笑一个，笑起来才漂亮嘛。'欢欢还对他爸爸说：'陪我打球去，嗨一下嘛。'他硬是把我们两个逗乐了。唉，要是在过去，他只会沉默，只会哭。"

说着说着，她又泪流满面。只不过，这次是一种觉醒的泪，一种幸福的泪。

此端的改变带来彼端的改变，妈妈的心结开了，欢欢也不药而愈了。

胆小

妈妈和儿子一起来的,喝茶,聊天,谈事业。妈妈很健谈,滔滔不绝,家事国事天下事事事都关心,当然谈的最多的还是儿子的婚姻大事。她说,儿子都快三十岁了,还连个影儿都没有。

在一旁的儿子偶尔会插上几句,更多的是聆听。

"你儿子非常怕你。"我对这位妈妈说。

"怕我?不可能。"

这位妈妈看着我,一脸的否定。她进而解释道:"我们平时交流很开心啊,我的理念是像朋友一样交流。"

"哦,那是你的自以为。"

"也不至于非常怕吧?"她的语气有些缓和,但仍然不相信。

我转向她的儿子,问道:"你怕你妈妈吗?"

"怕。"儿子毫不犹豫地回答,"有时候她的一个眼神,都让人打哆嗦。"

面对儿子的回答,她显得有些不自在。和儿子一起生活了快三十年,却不知道自己的眼神让他那么恐惧。

我让他们母子俩都闭上眼睛,观想母子在一起的情景,去感知自己内在的世界。并且要求他们说出自己想到的,或者是感受到的最刻骨铭心的经历。

"那是我的初恋,我们相处两年多了,非常恩爱。我鼓起勇气告诉妈妈,希望得到她的支持。可是她听了我的介绍,直直地盯着我,一脸不高兴。我看着她的眼神,就知道这一关没有过。"儿子说到这儿,长长地叹了口气,"就这样,我和初恋分手了。唉,以后再也找不到那种感觉了。"

我让他继续回溯妈妈的眼神让他发憷的经历。

他回溯到小学三年级的时候,一个比他个头高的同学总是欺负他。一天,他被激怒了,已忍无可忍,咬掉了那个同学胳膊上的一块肉。妈妈被叫到学校,向那个同学的家长赔礼道歉。事后,妈妈回家惩罚他,瞪着他怒吼道:"脸让你丢尽了,好好给我反省!"妈妈硬是让他饿了整整一天,直到他说:"打死我也不还手了。"从那个时候起,他再没有和人打过架,他越来越胆小。

这时候,他的身体俨然发着抖。

妈妈听着儿子的诉说,真是五味杂陈。她是职场女强人,办事果断,雷厉风行,事业有成。儿子早成年了,却没有她的气场,胆小、拘谨,畏缩不前。她看在眼里,急在心里。她不知道该如何表达,更不知道问题出在哪,该如何解决。

"原来问题在我这儿。"她噙着泪水,自言自语。

我顺势引导她进入到自己的内在,去回溯和儿子相处的一幕一幕,就像电影一样在头脑前闪过。

"如果有特别的经历,或者特别难受的地方,就把它讲出来。"我提醒她。

过了一会儿,她像发现了什么秘密一样,惊讶地说道:"找到了,找到了,找到了。"

她回溯起儿子出生前的经历。

她是单位的业务骨干,后备干部,哪怕怀孕八个月了她仍然坚持上下班。那天下班路上,她小心地走着,不想一辆逆行的自行车迎面飞来。她本能地躲闪,却还是被撞向路边护栏。当她被路人搀扶起来后,她感到下身湿淋淋的,小腹剧烈疼痛。她被送到了附近医院,当晚,她接受了手术,还没有足月的儿子提前来到了这个他还未出生就给了他点厉害颜色看的世界。

由于早产,儿子在保育箱待了近一个月才能自主呼吸。儿子看到妈妈的第一眼已经是在一个月后了,那是一个曾经让他温暖了八个月,又让他在一瞬间离开那个温暖窝窝的妈妈。他没有大多数孩子惊人的哭声,那对小眼睛慢慢地转动着。他比别的婴儿多了一份害怕,多了一份警觉。

她回溯着,流着泪。

儿子还是第一次这么细细聆听自己出生时的故事,去感受那个婴儿所受的创伤,第一次去感受妈妈所经历的不幸。他站起身,走到妈妈面前,轻轻地拭去妈妈面颊上的泪水,拥抱着妈妈,说道:

"妈,别担心,儿子已经长大,已经成为一个有担当的男子汉了!"

神医

他是一名大学实习生,还未毕业,却对未来充满了担忧和恐惧。他看过医生,说是患有抑郁症。他没有选择吃药,而是希望通过心理疗愈得到解脱。

他说,有几件事总是堵在心里,萦绕不散,堵得慌,堵得难受。

他说话的语速很快,以至于有些结巴。

我引导他放松,要他将自己被堵的几件事一一地说出来。还特别提示他,不要讲究词句好不好,语音标不标准,想怎么说就怎么说。

他说,他总怕考不好。考前睡不着觉,甚至早餐也不吃。有一次考前吃了早餐,临到考试中却拉肚子,严重影响了考试成绩。他说,自己是患有考前综合征,从小学到大学都这样,无药可救。马上就要毕业答辩,他为此更加纠心。吃不好,睡不好,关键是不知道怎么办才好。

还没说完,他的手心已全是汗。

他担心自己找不到好工作。他读的是热门专业,又是一线本科,按理说找个理想的单位没问题。老师给他分析了就业前景,也推荐了几个意向单位。但是,他还是担心。担心单位不如意,担心工资不高,担心以后房贷什么的没办法还上,等等。

他说着，手有些发抖。

他担心父母年纪大了，老了，该怎么办？他的父母其实只有五十多岁，还没有退休，离养老还远着呢。可是他就是想得远，用遥远的预期来恐吓自己。他说，尤其想到爷爷的去世，非常地伤心，后悔没有好好孝敬他们。

说到这，他忍不住痛哭流涕。

他还担心找不到理想中的女朋友。他不愿意随便去交朋友，也没有几个知心朋友，女性朋友就更不用说了。究其原因呢，他总觉得身边的人很俗气，很小气，不值得和他们成为朋友。他交往过一个女朋友，但分手了。他说，再也难得找到那样好的女生了。

他长长地叹着气，写满沮丧。

他说，他知道这是典型的焦虑症，也有抑郁症。他查过资料，是因为对未来的事情感到过于恐惧和担心，生活在自我编织的假想中，还自以为是的严阵以待。他也看过好多心理学方面的书，越看越难受，越看越无解。

我没有从道理上给予疏导，因为他懂得很多。

我告诉他有一个神医，可有效地解决他的问题。条件是他必须完全相信神医，严格按照神医的要求去做。

他非常乐意，充满期待。并表示将全然相信和接受。

我让他闭上眼睛，深深地呼吸，回归到自己的内在。在冥想的状态下，带他去见神医。

我引导他来到一个古雅的药房，远远地就看到了药童迎接上来。他非常兴奋，也非常紧张，期待着药童马上带他去见神医。

刚迈进大门，浓浓的药味便扑鼻而来。他深深地吸了口气，觉得这里的药味独特，空气中都弥漫着一股仙气。他觉得闻着药味,病都好了一半。他暗自惊喜,神医就是神医。他对神医更加坚信不疑。

正冥想着,药童拎着一只痰盂过来。说是神医吩咐,要他向痰盂里吐痰,将痰吐尽为止。

他对着痰盂吐,极尽可能,使出了浑身解数,搜肠刮肚地吐。一会儿,痰盂便吐得满满的。

他说,头有些发晕,感觉自己被掏空了一样。

于是,药童带他到内屋去见神医。他有些恍惚地来到内屋,却见垂帘听政一般,只闻神医声,不见神医人。神医吩咐药童端着痰盂上来,将药和着痰,要他马上喝下。

他看到痰盂里的污物,开始恶心。虽然有些迟疑,但已无退路。当他慢慢喝下时,难受加剧,呕吐不止。

神医让他端起痰盂,快速喝完。他着喝药状,一边喝,一边吐。鼻涕加眼泪,倾泻而出。不一会儿,他已呕吐了一地。

他已完全掏空自己。

末了,我带着他用能量水和能量光清洗、净化。他慢慢地舒缓下来,平静下来。

他睁开眼,顿觉无比明亮。他站起身,举起双臂,长长地伸了个懒腰。他又伸出拳头,在空中挥了挥,兴奋地说:

"太神奇了!像换了个人似的,好爽!"

第五章 疾病只是一种信号

肥胖

在一次集体疗愈课中,有一个学员特别引人注目。

不是因为她优秀,而是连续几次上课都是,学员们都坐好了只等老师开讲的时候,她才慢悠悠地进来。她拖着胖胖的身体,一边抹着嘴,一边焦急地寻找自己的位置。

学员们向她投去异样的目光。有的嘲笑,有的嫌弃,也有的不解,还有的直接告诉老师:"她吃得很多,每次都是到最后,像永远吃不饱似的。"

从她涨红的脸和企盼的眼神中,可以看出她有太多的苦恼、无奈和渴望解脱的心境。

我以她为例,作了一次现场沟通演练。

我让她闭上眼睛,引导她深深地吸气,缓缓地吐气,进入到自己的内在。

她比其他的学员更多几分虔诚,很快就能觉知自己的呼吸和感受。

"观想自己的样子,任何一个样子都可以,好吗?"

"好的。"

"看到了吗?"

"看到了。"

"你在做什么,是什么表情?"

"我在吃东西。"

学员们笑了起来。我提醒他们,关注自己的内在,用包容心觉知周围的一切。

"继续观想自己的样子,同时,观想周围有很多人看着你,可以吗?"

"可以。"

"有什么感受?"

"心里发慌,堵得很。"

"继续感受。你是安全的。"我安慰她,鼓励他。

"我肚子疼,咕咕咕地在响。"

"了解,继续。把你的注意力关注到这些不舒服的地方,只是观察它。"

"觉得更加难受了。"

"了解。可以感受得更具体些。"

"饿得难受,肚子空空的。"

她说着,不自觉地用手捂在了腹部。

"如果头脑中浮现出什么,任何人或事,可以讲出来。"

"我看到了自己小时候五、六岁时的样子,瘦小瘦小的,在和哥哥姐姐们争吵,他们把好吃的都抢光了。"

她回溯着,伤心地掉下眼泪。

我引导她回溯更早一些的时候,与吃有关的事情。

她说,她看到了三岁左右的时候,一盘韭菜炒鸡蛋,被哥哥姐姐全抢光了。她望着桌子上的空盘子,哭得好伤心!她一边哭,一边捧起空碗,舔吸着碗里的残渣,恨不得把整个碗都吃下去。

我让她细细地观察当时的情景，以平等心只是观察，就像在看一部电影一样。

她出生在大山里，兄弟姐妹六个，自己最小，总是被排挤。爸爸妈妈忙里忙外，哪还能管得上这些。抢食，吃不饱，伤心，成了她儿时的主要记忆。

我准备给这个孩子一顿美美的大餐，于是继续引导。

"观想一盘韭菜炒鸡蛋，你妈妈特别给你做的，你一个人专享。可以吗？"

"可以。"

"观想你自己一个人吃，不停地吃，大口大口地吃，没有任何人和你争抢。可以吗？"

"可以。"

"继续，不停地吃，把小时候欠的部分全吃回来。"

她一边做着吃的动作，一边打着饱嗝。

"哎呀，吃不动了，吃不动了。"她直起身体，心满意足地笑了。

结束沟通，学员们直呼神奇！

可神奇的还在后头。后面的几天里，她都是第一个来到课堂，她说："不贪吃了，肚子也不容易饿了，浑身轻松了！"

贪吃也是一种贪念，因匮乏而产生。贪念的欲望不是一蹴而就的，找到种子，便可刹那间消灭它。

心脏不好缺爱

在赶往高铁站的的士上,偶然遇到了一位二十多岁的女的士司机,很是惊讶。便随口问到:"哇,这么年轻的美女开的士,还是第一次遇上啊!"

"唉,没办法,要赚钱养家。"她的回答很低沉。

"哦,老公换着开吗?"

"老公没了……"她长叹一口气。

"怎么了?"我有些诧异。

"去年,心脏病突然走了。十几分钟的时间,活生生的一个人就那样没了,才三十多岁。"

一时间空气凝固。

怎么就戳到了别人的痛处?我一边安慰她别急,车可以开慢点。一边问道:"以前有征兆吗?"

"没有。根本就没有心脏病。"

"确定以前就没有一点点征兆吗?"

过了一会儿,她说:"想起来了。好多年前体检的时候,医生说他的心脏有个什么地方狭窄。因为年轻,也没有什么症状,就根本没有去管它。这件事完全忘记了,真的忘记了。"

她说着,开始哽咽。

"你老公的性格怎么样?"出于职业习惯,我想帮她弄清楚心梗背后的真相,让这个女人心里好受一些。

"内向多一些。他对我很好,非常爱我,可以说百依百顺。"

"哦,他感到幸福吗?"

我在刨根问底了。为了避免误会,我特地介绍了我是一名心理咨询师,正赶往外地去讲课,也许会对她有一些帮助。

听了介绍,她怀着好奇、信任的目光看向我。

"刚结婚的那几年蛮幸福的。后来,就没有那种感觉了。"她接着有些自嘲地说,"也许时间长了,被生活琐事缠住了,才不那么幸福了吧。"

"那你的性格呢?"我并没有去评判她说的话,继续问。

"比较直的那种人吧,爱发火。"

"说得直接些,就是强势,是吧?"

"是的。"她并不明白我要问的目的,补充说,"他真的对我很好,百依百顺的。"

"你发火的时候,他忍耐的多,是吗?"

"是的。"

"那忍字是什么?"

她支吾着,并没有回答。

"忍字头上一把刀啊!刀在哪里?心口上呀!"

她似乎明白了什么,惊讶而又犹豫地问道:"老公的死,是不是与我有关?"

"你觉得呢?"

她明显地放慢了车速:"哎呀,我好自责啊!"

静默。路上的喇叭声明显多了,刺耳了。

伤口要好得快，需要涂擦碘酒之类的东西杀菌。甚至动刀子将伤口挖开，切掉坏了的部分。虽然更痛一些，但好得也会快一些。对于这位女司机，安慰的话已无意义。人生处处都是镜子，可以以不同的形式来照见自己，她只不过用了更痛苦的方式来照见自己。

"老师，我该怎么办？"她看向我，带着希求的目光，"可以叫您老师吗？"

"可以呀，别人都这么叫我的。"

能够这么快地回看自己，我当然想帮到她。但现在她正在开车，不能往深处聊。我问了另一个看似无关的话题："你老公的父母的关系怎么样？"

"挺好呀，他很孝顺父母的。"很显然，她答非所问了。

"我是问你老公的父母，也就是你的公公婆婆，他们两位老人的关系怎么样？"

她长长地叹了口气，说："唉，提到他父母，在老公的记忆里，从记事时就是吵架、打架。两位老人现在都是这样，总改不了。"

"哦，了解。"我停了停，继续问，"你觉得你老公小时候幸福吗？"

"不幸福。以前和老公聊过，他不愿意回想小时候。"

"了解。童年的不幸，会对他的心理产生很大的负面影响，也会对心脏产生伤害。"

"那是不是他的心脏问题在小的时候就有了？"

"有可能。"我又将话题拉了回来，"你知道你老公为什么对你百依百顺了吗？"

"不知道。"

"童年的不幸福,使得他不停地去追寻幸福,并且会执着于他以为的。当他遇到你,他觉得找到了幸福的全部,他会舍弃一切。"

"是的,老公对我真的很好。"

"但你的任性,一次又一次地任性,发火,很容易碰撞到他不幸福的神经点。他没有办法化解,穿越,于是只有忍。但忍不是爱呀!"

"哦,说得太是了。要是早点遇到您多好啊。也许我老公就有救了。"

说来也巧,话题该到一个段落的时候,车到了高铁站,该下车了。看到她有一种期待,我连续问了三个问题:

"谈恋爱,结婚,你有学习过相关的东西吗,或者是有人引导吗?"

"没有。"

"生孩子,抚养孩子,有人教过吗?"

"没有。"

"夫妻怎么相处,生活怎么幸福,有了解过吗?"

"没有。"

她帮我取下行李,主动加上了我的微信。说,一定会向老师好好请教,好好学习。

她向我挥挥手,加上油门,继续前行。

立不起来才腰痛

在一次集体疗愈课中,因为有些老人参加,就特别在后排加上椅子,供老人使用。其他人则必须坐在地垫上。

我看到一位三十多岁的女子坐在后排椅子上,便示意她回到地垫上。她说:自己的腰疼很严重,在地垫上坐不了几分钟,就要躺倒,所以请老师同意她坐在椅子上。

我没有直接回应她的请求,便问道:

"你来听课想解决什么问题?"

"腰疼。"

"疼到什么程度?"

"厉害的时候下不了床,要躺一个多星期。"

"了解。患腰疼多久了?"

"十多年了。"

"都用了哪些方法?"

"所有的方法都用过了。"

"真的吗?"

"是的。"

"那你为什么还来到这里?"

"哦……明白了。老师。"

她一下子醒悟过来,似乎看到了新的希望,充满期翼地回到坐垫上。

有意思的是,上午的课上,她并没有躺下。课程结束的时候,她主动分享说:"居然坐了三个小时没有腰疼,这是以往想都不敢想的。"

她更加坚定了疗愈的力量。

我便以她作为个案范例,去寻找腰疼背后的情绪卡点。

"你说说,你的腰痛可能与哪些情绪有关?"

她眨了眨眼睛,说:"可能与缺钱有关吧。"

学员们哄堂大笑。

我说:"也许是哟。"

学员们瞪大了眼睛,纷纷表示不解。

我并没有急着去解释,继续问她:"还有呢?"

"与老公的争吵啊,憋气啊等都有关吧。"

"那为什么呢?"

"老公是一个非常实诚的人,比较安于现状。只知道打工赚点死工资,没有胆量创业。老公应该是靠山,可他不会赚钱。自己靠不上,就会有瞧不起他的想法。这应该就是腰疼的原因吧。"

学员们不再嘲笑。她的悟性很高,分析得也很有道理,基本上能读取疾病背后的一些情绪。但这只是在大脑思考的层面,那她的腰痛背后的真相如何,身体给出的答案又是什么呢?

我让她闭上眼睛,引导她进入到自己的潜意识里。将所有的注意力都关注到腰痛这个地方,任由思绪飞过。并且讲出任何一个浮现出来的人或事。

当所有的学员,包括她自己都以为她会联想到她老公的时候，她愣在那儿，诧异地说："怎么会是爸爸呢？"

"不要有分别心，出现什么就是什么。"我提醒着。

接着，她在记忆库里找到和爸爸的往事。

爸爸已经去世好几年，每当想起的时候，她都非常伤心难过。爸爸一生只有她和妹妹两个女儿，他一直想要个男孩，但始终没有如愿。她觉得自己对不起爸爸，常常自责，愧疚。奇怪的是，爸爸去世后，几乎从不在梦里出现。现在观想时，却清晰地看到了爸爸的样子。

我引导她看清楚爸爸的表情，那时的年龄，以及周围的环境，在做什么事，等等。

不一会儿，她突然抽泣起来，委屈得像个做错了事的孩子。

她回溯到自己七、八岁的时候，一天，她们一家围在桌边吃饭。不知道怎么的，爸爸对她说："唉，你呀，太娇气了！看来我以后要靠你妹妹养老了。"

听到爸爸的话，她的脸涨得红红的，无言以对。

那时，她虽然对爸爸的话不是很懂，但她明显地感觉到爸爸更看重妹妹了。

要知道，爸爸始终是把她当男孩子养的。买玩具，买衣服，都偏男孩儿的特质，她觉得长大后自己就是这个家的顶梁柱。可是现在，爸爸为什么要这样说？她觉得以后自己不会被宠，不会被看重了。

她觉得这一切都是因为妹妹。妹妹比自己小三岁，但好动，好玩，得理不饶人，喜欢打闹，更像男孩的性格。

她要报复。尽管那个时候自己不一定会懂这个词，但开始背着爸爸妈妈打妹妹，骂妹妹。还警告她，不允许告状，否则背地里会更重地打骂她。

第五章 疾病只是一种信号 207

她清楚地记得,有一次爸爸只给妹妹买了玩具,一把像真的一样的手枪。妹妹拿着手枪在自己面前蹿来蹿去,那个嘚瑟的样子怎么也不会忘记!她在吃饭的时候,趁爸爸妈妈一离开,就把一根菜梗狠狠地塞到妹妹的耳朵里,直到妹妹哇哇大哭。

后来的人生就像被爸爸预言准了一样。自己出嫁了,建立了小家庭。妹妹则像个假小子,说话做事干脆、果断,不拖泥带水,几年时间就实现了财富自由。爸爸妈妈都由她赡养。不仅如此,自己买房、买车,都有妹妹的大力支持。

妹妹成了家庭名副其实的顶梁柱。

她从来没有觉得对不起妹妹,她把妹妹对她的支持当成了理所应当,她甚至忘掉了小时候是怎样虐待妹妹的。

回溯到这,自责、羞愧让她无地自容。她说:"好惭愧,恨不得有个地缝钻进去。"

她说着,流着泪,腰弯成了一张弓。

我引导她求得妹妹的宽恕,用光超度去世的爸爸。很快,她感觉腰部暖暖的,辣辣的,慢慢地挺直了起来。

我让她现场给妹妹打电话,真实地表达自己的感受。电话打通后,她表达了自己对妹妹的歉疚,请求妹妹原谅。还说,自己买房买车的事,如果没有妹妹的支持,根本买不起呀,等等。最后深深地感叹道:"妹妹啊,我们一定是前世有什么因缘,今生才能聚在一起呀!"

谁知妹妹听到后,哈哈哈地回答:"姐,我不管有没有前世今生。我只知道你是我姐,我有力尽力就是了,没想那么多。哈哈哈。"

妹妹的一句话,再次让她哽咽。她现在才真正地看清楚了自己,也进一步读懂了妹妹。

肚子胀气

公开课上,有个学员听了一会儿课,便起身倚靠在了墙边。原以为她是为了避免打瞌睡站一会儿,没想到她一站便是半天。

下午上课时,她又是这样。

我问她:"怎么了?"

"肚子胀气,难受。"

"为什么要站着呢?"

"会舒服一点。"

"胀气有多久了?"

"老毛病。"

"都用了哪些方法?"

"什么方法都用过,不太有效。"

"肚子里都装着些啥气呢?"

"这……"她带着诧异的眼神看着我。

"和老公的关系怎么样?"我转过话题问她。

"还好。"

"和公公婆婆的关系呢?"

"也好吧。"

"和孩子的关系呢?"

"挺好啊！"

"和同事的关系呢？"

"那更好了！"

她的回答不拖泥带水。所有的关系都好，就是肚子胀着气，连回答时也似乎往外冒着气。

我让她把注意力集中在腹部，感受胀气的感受。并且加大意念力，扩大这种感受。她觉得腹部火辣辣的，越鼓越大，像个快要爆裂的气球。

让她观想一只减压阀，阀针又尖又长。想象着左手拿着阀身，右手握着阀针。露出鼓鼓的腹部，将阀针对准腹部刺去，同时迅速打开阀门。

"嗞嗞，嗞嗞。"

她感受到了刺耳的放气声。

"再去感受腹部，有什么感觉？"我问。

"好奇怪，一下子轻松了！"她欣喜地说。

"继续观想着腹部，重复问自己这句话：都装着些啥呢？持续5到10分钟。"

"都装着些啥呢？都装着些啥呢？……"

她不断地问，不断地重复着。突然，放声大哭起来："怨气，怨气，全是怨气！我太难了！"

十分钟后，她彻底轻松了，破涕为笑。

啥不好装呢？尽装着些怨气，还不认。

傻女人！

怨恨结成的节

"老师,我有甲状腺结节,医生要我马上手术。"
"哦。"
"我好害怕!"
"哦?"
"手术后要终生吃药。"
"哦。"
"可是我还是害怕!"
"哦?"
"我怕癌变。"
"你在彰显什么,病情就会按照你想象的一步一步发展。"
"啊!那该怎么办?"
"了解疾病背后的情绪。"

按照惯例,我跟她讲清楚了,我不是医院的医生,对疾病应尊重医生的建议。我只是从心灵的角度,来探索引起疾病的负面情绪,并指导她纠正或清除这些负面情绪。她表示明白,并全然相信。

"你有太多没有表达出来的怨和恨,已经积累了好久好久,是吗?"我看着她的眼睛,轻轻地问道。

她没有回答,也许来不及回答,泪水就哗哗流下。她刚要开口,泪水便流得更凶。索性,让她哭了个痛快。

她是职场女精英，是妥妥的成功人士。拥有近百人的公司团队，有豪车和豪宅。但婚姻却一团糟，带着两个孩子和母亲一起生活。她说，自己的婚姻完全是被利用，被玩弄，被欺骗的。

　　她大学毕业后开始做房地产销售，由于个人能力出众，销售业绩一直非常好，积累了人生第一桶金。但太过忙于工作，迟迟没有遇到白马王子。她对白马王子的要求真不低：高、富、帅。她说，按照自己的条件，这个要求不过分。她也分析了周边的朋友，那些没有她条件好的，也抢到了高富帅。

　　但转眼自己就成了剩女，于是她就将条件稍稍更改了一下：高、帅、富。她之所以把富挪到后面，是因为相信财富自己有能力赚到，但前两个条件丝毫也不能打折。

　　又过了两年，心仪的白马王子还是没有出现。倒是自己的事业一天天往上升，顺风顺水的。于是，她再次修改了择偶条件：高、帅，富不富无所谓。只要这两个要求达到，穷又怎么可能成为问题呢？

　　很快，她找到了俊男，俊男也把她当宝。她终于如愿以偿，很快就举行了结婚仪式，也很快就有了女儿。

　　女儿七岁那年，她发现老公在外还有一个家，还有一个女儿。她不敢相信这样的事会发生在自己身上。她想到过死，但又不甘心。

　　她想给老公生个儿子，栓住他。天遂人愿，她有了一个儿子。可儿子的出生并没能栓住他。

　　她绝望地从婚姻的牢笼中走出，她认为是自己的命不好，不该做女人。她恨死了所有的男人，包括她的爸爸。

　　在她的记忆中，爸爸妈妈的一生就是在争吵打骂中过来的。她总是听到妈妈骂爸爸在外面有野女人，养野孩子，把赚到的钱都用在了野孩子身上。她从小就下定了决心：钱要自己赚，别指望男人，她要过自己想要的生活。

她做到了前半部分，却做不到后半部分。她对婚姻已心如死灰，唯有愤怒和怨恨。

"你恨你爸爸吗？"我问。

"恨。"

"你见到过爸爸在外面养的野孩子吗？"

"没有。他从来没有承认过。"

"哦。你爱你妈妈吗？"

"真说不上爱。只因有亲情才住在一起。"

"为什么不喜欢你妈妈？"

"不喜欢她的性格。"她长长地叹着气，自嘲道："别人为什么有那么好的妈妈？"

"你妈妈是什么样的性格？"

"没想过，也懒得去想。"

"想一想，是什么性格，这对你很重要。"

"这个……"她疑虑了一会，说："疑心重，好控制，自以为是，非常强势。"

"说得具体一些？"

"爸爸外出做生意，有时候几个月不能回家。妈妈就开始怀疑他，说他在外面有女人了。她咒诉着，骂着，说得有鼻子有眼的。再有，家里的什么事都得要听她的。有时候，她会当着很多人的面数落爸爸。说他不像个男人，一年到头都在赚钱，可是没有看到他拿回来钱。唉，别说了，烦死了！"

"你相信这一些吗？"

"小时候是完全相信的。"

我让她闭上眼睛，引导她深深地吸气，缓缓地吐气，回归到自己的内在。

我让她把自己的样子和老公的样子观想在面前，同时回溯自己从结婚到离婚的每一次争吵，并且讲出自己所看到的一切。

刚开始，她情绪非常激动，数落着老公的种种不是。指责他天天加班晚回，质问他是不是在哪里鬼混去了，埋怨他家里家外的事都不操心。最让她失望的是，老公太软弱，只会老老实实上班，不会赚钱。

后来，她的声音却越来越小，竟流下泪来，开始自责。

"怎么了？看到了什么？"

"我看到了我妈妈也加入到争吵当中，我的样子变成了妈妈的样子。"

"了解。觉察到了什么吗？"

"我跟妈妈一样一样的。"

"说出你的性格？"

"疑心重，好控制，自以为是，非常强势。"

两个多小时过去了，她流了不少泪，却感到从未有过的轻松。她说，过去流泪，是委屈，是怨恨。现在流泪，是自责，是反省。

"那你的决定是？"我问。

"再也不能这样下去了，我得改。"她终于有了一个新的决定，从改自己开始。

"那你的甲状腺这里感觉怎么样？"我提示她。

"哇，我都忘了，整个喉咙这里轻松多了。"

除病要除根，要清除引起疾病的负面情绪。根都除了，还记着病干嘛，由它去吧！

视野远了，眼前的障碍就小了

她是名艺考生，第二次来咨询，希望解决她的考试综合征。她平时成绩都很好，就怕考试，一考试就紧张。艺术科目考试的时候来咨询过，很快解决了她的紧张情绪，艺术科目非常顺利地通过了。

她说，这次是文化考试，更紧张。

"为什么越来越紧张？"我问。

"因为马上要文化考试了。"

"文化考试就更紧张？"

"因为大多数艺考生都倒在了文化分数上。"

"所以你就认为自己是那大多数中的一个？"

"不是，我不想成为那一个。"

"你想成为哪一个？"

"少数中的一个。"

"OK，那你正确的想法应该是？"

"我是少数中的一个，干嘛紧张！"

有上次的沟通体验，她很快就能转化自己的念头。

我让她微微地闭上眼睛，深深地吸气吐气，然后重复刚才的话："我是少数中的一个，干嘛紧张！"

她说着说着，绷着的脸松开了，露出了浅浅的笑容。

"你平时的文化成绩怎么样？"

"还行。"

"那为什么就跟着紧张起来了呢？"

"忘了自己还行。"

"哈哈，有意思。如果把这种醒悟总结一下，你该怎么说？"

"认识自己，做好自己。"

她突然觉得自己挺有哲理的，挪了挪身体，慢慢地坐直了腰杆。

她找回了自信。

"你考试的目标是什么？"我接着问。

"武汉音乐学院。"

"哦，了解。你的人生目标是什么？或者说长远的目标是什么？"

"当老板。不，应该叫企业家吧。"

"哦，挺有意思的愿景。"

与许多考生不一样，她很清楚自己的人生目标，我不禁对她表示赞许。

"既然是想做企业家，那你为什么要考音乐学院呢？"

"那只是我的爱好。"

"哦，了解。"

我再次引导她吸气吐气，回归到自己的内在。

"观想一个企业家的庄园，你是那儿的主人，你在悠闲地弹奏着钢琴。可以吗？"

"可以。"

她很快融入到情景之中，脸上荡漾着微笑。

"请你看着眼前的自己，对她说：我的梦想是成为企业家，音乐只是我的爱好。"

"我的梦想是成为企业家，音乐只是我的爱好。我的梦想是成为企业家，音乐只是我的爱好……"

她不断地说着，说着，变得越来越轻松，越来越自然，越来越自信。

结束沟通的时候，她哪里还有什么紧张情绪，简直就是青春飞扬。

临走时，她给我使了个眼色，俏皮地说：

"哼，考上武音，我还不一定去呢！哈哈哈。"

视野放远了，眼前的障碍就变小了。

第六章

你是自己人生的导演

人生如戏。可是你总在那里演战争片、悲情片。身边的人看腻了,劝你换一换角色。你却固执地说:不可能。

直到剧终,你都不明白,台词都是自己写的。

不值不配

她三十多岁,戴一幅眼镜,文静靓丽。结婚六年,还没有怀上孩子。虽然四处寻医问药,也没能解决问题。她痛苦,绝望,希望找到症结,如己所愿。

"你很喜欢看书学习吗?"我问了个文不对题的问题。

"不喜欢。"她不知道我为什么要这样问,闪了闪眼睛,愣愣地回答。

"经常玩电脑游戏吗?"

"不会的。生意都忙不过来,哪还玩那个。"她一脸的不解,瞪大眼睛望着我。

"那眼睛近视多少年了?"

"小学就近视了,是家族遗传。我的哥哥也近视。"她知道我为什么问前面的问题了。

"哦。真的只是遗传吗?"

"那是?"她充满期待地望着我。

于是,我引导她深深地吸气,缓缓地吐气,慢慢地进入到自己的内在,去觉察潜意识里不明了的东西。

"你能记起多大岁数的事情?"

她努力去回溯,好一会儿后才说:"上初中吧。"

"你最不愿意看到的人或者事是什么？"

"父母吵架……"刚说出口，眼泪就像掉了线的珠子，不停地淌。

我让她顺着这件事，往更早的时间点去找寻。很快，她能记得起五、六岁时候的事。

她说，头脑中尽是爸爸妈妈吵架的样子。爸爸很能干，有很好的手艺。可是，妈妈总是骂他在外面还有个女人，还有个家。他们不光吵架，还会动手打架。可妈妈哪是爸爸的对手，打完妈妈，爸爸就外出，好几个月才回家。

她还说，她看到妈妈一个人在家带四个孩子，忙完家里忙田里，一个帮手都没有。每每看到妈妈伤心可怜的样子，自己的心里就会冒出一个念头：长大了要自己赚钱，不要结婚，不要小孩。

"不要结婚，不要小孩。"

我让她不断地重复这两句话，她就连续地说，不停地说。她咳嗽着，呻咽着，把小时候经历的痛苦、伤心和无助，一股脑儿倾泄出来。

"持续地说，不断地重复，讲出你看到的，你感受到的。"我继续引导。

她说，她的眼前浮现出长大后只谈朋友不结婚，男友换了一个又一个的情景。那些人有的朝着她笑，有的指着她的鼻子骂，还有的为了追求她而失魂落魄，痛不欲生。

她就像个侠女，放荡着青春。

她说，她的肩膀好像有千斤担子压着，后背肩胛骨好痛，无法呼吸。

第六章 你是自己人生的导演

她沉沉地低着头，整个人缩成了一团。

"你最想解决的是什么？"我问。

"钱。"

"还有呢？"

"要个孩子"。

"如果只选择一个，你会选择什么？"

"孩子。"

"坚定吗？"

"坚定。"

"好。"我继续引导她，"把你自己观想在面前，任何时候，任何样子都可以，不要刻意寻找和压抑什么。可以吗？"

"可以。"

她又开始抽泣。她说，她看到自己跪着，弯着腰，低着头，头发蓬乱，遮住了整张脸。

"了解。想对那个自己说什么？"

"我觉得自己不值不配。不配结婚，不配生小孩。"

她说着，大哭起来。

种子找到了。那个不想结婚，任意洒播情感的负罪感该有个了结了。

我引导她观想面前有一个大大的火炉，里面燃烧着熊熊烈火。她勇敢地站起身，做出扔的动作，把过往所有的不堪的人和事全部扔进火里。她看到他们"滋滋"地燃烧，随后化作一缕缕青烟升起，飘散。

她长长地舒了口气，身体慢慢坐正了，坐直了。

她说，她看到了一个开心的，活泼的女孩向着自己奔跑过来。她欣喜地张开双臂，去拥抱这个本来的自己。

"亲爱的，回家了，我爱你。"她轻轻地说着，流下了幸福的泪水。

半年后，她报来喜讯：怀上了。

梦与现实

她说,小时候的一个梦,缠绕了自己几十年。梦里一个老中医在看病,带着一个小徒弟。做梦时的心情很苦,很无奈。读大学时,有一次去逛书店,看到《本草纲目》,便节衣缩食地买了下来。虽然一直没有看,但心里觉得踏实。

"挺有意思的梦。这个梦只是在小时候做过吗?"我希望在一问一答里找到答案。

"不是,隔一段时间会重复类似的梦。基本上都与老中医有关。"

"每个人都会做梦,有的人做梦会频繁一些。放下吧,做了就了了。"我故意叉开这个梦。

"可是我总是做同一个梦,并且都有老中医。为什么?"她很坚持。

"同一个就同一个,何必在意?"

"可是做完这样的梦后,我会很累,很疲惫。我感到很困惑,老中医究竟想告诉我什么?"

"你不放下,那当然是累呀。"

"问题是我怎么放下?"

"答案在你那儿。"

"我这儿?"

她瞪大眼睛望着我,求真的欲望非常坚定。

我让她闭上眼睛，引导她深深地吸气，缓缓地吐气，慢慢地放松。她很快就进入到自己的潜意识里。

"再次进入到那个梦里，可以吗？"

"可以。"

"看到了什么？把你看到的如实讲述出来。"

"我看到了一个老中医，已经很老很老了，他已经不能行走。他还在帮人看病，有个小孩帮忙抓药取药，忙前跑后。"

"哦，明白。继续。"

"他显得很痛苦，长长地叹着气。"

"理解。觉察一下，你是谁，为什么能看到他们？"

"我就是那个老中医啊。"

她的声音、语调尽显老态龙钟的样子。她很快就穿越到了前世，仿佛看连续剧，一下子倒带到前一集。

"明白。继续感知周围的一切。"

"好的。"

"你此刻身体上有什么感受？"

"紧。无力。"她说着，身体已经弯成了弓一样。

"你怎么了？"

"我快不行了，唉，快不行了。"

"哦，理解。继续觉察身上的感受。你想表达什么？"

"我有那么好的医术，可惜啊，没有人继承。"

她说着，竟流下泪来。

"哦？那可以教给那个小孩呀！"

"唉，他人小，哪里听得懂。"

"您可以尝试着教给他呀。"

第六章　你是自己人生的导演

"那就只能试试吧。"

她用手比划着什么，非常认真，一丝不苟。不一会儿，她紧皱的眉头舒展开来，最后，竟笑出声来。

"怎么了？"我问道。

"没有想到啊，这孩子很认真，很聪明，居然一教就会。哈哈。"

"了解。继续。"

"孩子可以帮人看病了，我也该走了。"

她说着，身体突然一抖，好像卸下来了什么似的。

"怎么了？"

"他去世了。"

"哦，了解。你觉察觉察，此刻身上的感受是什么？"

"啊，轻松了！"

我让她慢慢睁开眼睛，回到现实。她微笑地望着我，并没有显得很诧异，仿佛只是从另一个房间回到这个房间，再自然不过的一件事情。

"看看这个梦和现实有什么联系？"我提示她。

她的眼睛一闪一闪，突然惊讶起来了："哎呀，太神奇了！我断断续续地与一家民营医院打交道，有好几年了，都只是小打小闹。最近，他们说我资源好，让我入股，做深度合作。但我总是担心自己不懂医，纠结不定。现在明白了，我与医有这份前世因缘，我不再纠结了，决定合作！"

她充满了自信。

梦是过去、现在、未来的一种投射。读懂了，可以有效解决当下的问题。

梦，不再只是梦。

因与果的关系

她是第三次来做咨询。

她的女儿患有严重抑郁症,她自己的情绪也很焦虑。经过两次沟通后,她和女儿的状态都有了很大的改善。我叮嘱她,不能全依靠老师,自己一定要做功课,慢慢地带着女儿一起做,这样才能好得快,好得彻底。

"有坚持做功课吗?"我开门见山地问。

"没有。"

"说好坚持的,为什么不能做到?"

"心静不下来。"

"静不下来就不做?"

"是的。"

"如果换成因果关系,应该怎么讲?"

"因为静不下来,所以没有做功课。"

她用疑惑的眼神看着我,仿佛在说,这个老师怎么教起语文来了。

"想想,你究竟要什么?"

"需要平静。"

"做功课的目的是什么?"

"能够平静。"

"如果你已经能够静下来了，恭喜你，不需要做功课了。正因为你不能静下来，所以才要做功课呀！同样的，你的孩子能够静下来，恭喜你，她就好了呀！你说呢？"

"哦……"她露出了罕见的笑容。

"因果搞反了，是不？"

"是的老师。"

"那应该怎样讲？"

"因为静不下来，所以要做功课。"

"接下来怎么办？"

"和女儿一起，好好做功课。"

在生活中，我们往往会给自己一个不会、不能、无法坚持的理由，还理所当然，堂而皇之。殊不知，这个理由恰恰是我们要面对的问题，攻克的目标。

我们只知道自己不要什么，却忘了自己究竟要什么。

发愿与智慧

了解疾病和情绪之间的关系。当她体检发现自己的心脏早搏时，感到非常不解。她说：心脏疾病与压力大、紧张、不开心、不幸福有关。可是她自己呢，不过四十来岁，性格开朗，活泼，家庭幸福，事业顺遂，怎么会有心脏问题呢？

如果只是从道理上分析，很难解决问题。于是，我选择在她进入潜意识的状态下开展对话，寻找答案。

我引导她深深地吸气，缓缓地吐气，让她慢慢地回归到自己的内在。

"你什么时候发现自己心脏有问题的？"我问。

"体检的时候。"

"这之前有感觉不舒服吗？"

"没有。"

"你能接受这个检查结果吗？"

"完全不能接受。我学过心理学，知道心脏疾患与情绪压力有关。可我的家庭和事业都好，不可能会出现这个问题。当看到这个结果，我以为医生弄错了。于是我又去门诊做了检查，还是同样的结果。我完全不会相信医院，才找您来咨询。"

她几乎不停歇地陈述着自己的一万个不相信。

"理解。你担心或者是害怕这个心脏早搏吗？"

"担心，也害怕。"

"担心什么？害怕什么？"

"早搏容易引起心脏骤停，人会在一下子就没了。唉，不敢去想。"

她好像看到自己睡过去了的样子。她的声音低下来，有些颤抖。

"在过去的生活中，有哪些事让你对心脏早搏有这样的认识？"

"过去的……生活中……"

她在极力搜寻过往的记忆。

不一会儿，她进入到更深地意识层，二十年前的一段经历浮现在眼前。她刚结婚不久，老公患了病毒性心肌炎。因为年轻，也无知，并没有重视它。直到坚持不住才被她拽去医院。医生批评了他们，说他是拿生命在开玩笑。医生还偷偷地告诉她，老公这个心脏早搏不可能根治，弄不好，还容易发生心脏骤停。

她被吓傻了，她不敢想象后果。

住了一段时间医院，可早搏还是有。于是，她陪着老公去看了大大小小的医院，民间偏方，早搏还是挥之不去。

她开始求神拜佛，祈祷神灵的护佑。她清楚地记得，自己跪在神像前，十分虔诚地发愿说："只要老公能好，我愿替他生病，无怨无悔！"

她说，她找不到更好的办法了，只要老公能好，她怎么做都愿意。

她回溯着，眼里噙着泪水。

"继续观想你跪着发愿时的样子，可以吗？"我引导者。

"可以。"

"重新修改发愿的话,并说出来:'我不用替老公生病,他已经好了,我也会好的!'"

"我不用替老公生病,他已经好了,我也会好的!我不用替老公生病,他已经好了,我也会好的!……"

她不断地重复着,虔诚而又自信。

"在说的时候,同时觉察一下你身体的感受。"

"左肩胛骨麻麻的,心口有些刺痛。"

"继续。把注意力放在刺痛的地方,持续地去感受它。"

"嗯。"

"将注意力放在心口这个地方,观想一道绿色的光,从心口发出。这道绿色的光慢慢扩大,照耀到整个胸膛。再继续扩大,扩大,一直延伸到老公的心口。这道绿色的光把你们连接在一起,并不断扩大。你们被笼罩在这绿色的光中,这充满爱的光中。"

她的眼泪在不停地流,是一份觉醒后的感恩,感动,顺畅而自然。

她说:"真的好轻松,好轻松。"

愿力虽好,也需要智慧呦!

怨恨的尽头是感恩

近期祸不单行。老公因经济问题被判刑，保姆在自己家里无缘无故上吊自杀。她闭上眼睛，全是保姆上吊的影子。她恐惧、害怕、怨恨，白天不敢回家，晚上更是难以入睡。

她恨这个保姆，也怨这个世道不公。

面对

我让她闭上眼睛，引导她深深地吸气，缓缓地吐气，慢慢地回归到自己的内在。

"观想自己回到家里，打开门。可以吗？"

"不。我不敢回去。"

"为什么？"

"怕。"

"怕什么？"

"保姆……吊死了……"她迟疑了好一会，才勉强说出口。

我让她重复这句话，直到能利索地说出口。

"再次观想自己回到家里去，打开门。可以吗？"

"可以。"

"走进去，走进去。看到了什么？"

"看到了保姆吊死在那个地方。"她说着,浑身开始发抖。

"看着她。"

"不。"

"尝试着看着她,就只是看着她。你是安全的。"我一边引导她,一边鼓励她。

"看着了。"她终于迈出关键一步。

"她是什么样子?"

"吊着的样子。"

"什么表情?"

"很痛苦,很恐怖。"

"继续看着她,想对她说什么?"

"你为什么在我家吊死?为什么?为什么?"

"重复说出这句话。"

我让她重复这句话,不断地重复。刚开始,她语气缓慢,吞吞吐吐。当不断重复时,她已不再恐惧,语气里带着怨恨,愤怒。

我让她紧紧地盯着那个吊死的人,再次不断地重复这句话时,她已经忘我,全然进入到保姆上吊的情景,语速快而坚定。

说着说着,她突然大哭起来,声音凄惨:"我吊死了,呜呜呜。"

她说,她看到上吊的保姆变成了她自己,恐怖地挂在客厅。她看到了父亲、母亲都赶来,哭作一团。她一边说,一边以母亲的口吻哭诉:"儿啊,你怎么做这样的傻事啊,怎么就想不开呀。你叫我们怎么活啊!"

她看到了丈夫在哭,姐姐在哭,还有其他的兄弟姊妹也哭作一团。其伤心状比真上吊了还伤心!

她说,亲朋好友都来了,挤满了屋子。他们都很伤心,来给自己作最后的道别。

许久,她才慢慢平静下来。

她睁开眼,环顾了一下四周,一愣一愣的,仿佛在确定,自己真的还活着吗?

"保姆上吊后,周围的情景是什么?"我问。

"没有人哭。都在指责她,抱怨她,还有人骂她。"

"将两个上吊的情景观想在面前,可以吗?"

"可以。"

"感受到了什么?"

她心里一惊,回想起以前对老公吵架抱怨时说的一句话:是不是要死了人才好呀!

她深深地吸了口气,略有所悟地说:"如果不是保姆,有可能上吊的人是我。原来,是保姆给我抵了一命啊!"

自省

老公出事后,她的生活完全乱了套,她整天都陷入到极大的痛苦之中。刚开始与她交流时,她并没有觉悟到老公为什么从一个农村考学出来的天之骄子,沦为阶下之囚的深层原因。反而认为是老公的点子低,运气不好。她整天愁眉苦脸,怨天尤人。

这又何异于深陷心灵的牢笼?

"用几个词概括你老公的特质,可以吗?"我问。

"可以。他高大,英俊,有气质,有才华,会关心人,特别爱我,有责任心,不服输,上进心特强,爱学习……"她一口气说了好多。

"嗯,了解。那他的另外一面呢?"

"心胸比较小,爱吃醋,总想证明自己,吝惜钱……"她努力地在寻找。

"哦,了解。他总想证明自己什么?"

"证明自己行,有能力。"

"说得具体点,怎么行,怎么有能力?"

"就是靠自己的本事升职,赚钱。"

"明白。你觉得他是从什么时候开始总是想证明自己的?"

"我们结婚以后。近几年这种想法比以前越来越强烈了。"

"嗯,了解。"

在对话中了解到,她老公是在农村里读书考学后吃"皇粮"的,是自己跳出了"农门"。她呢?是地地道道的城里人,家庭条件非常优越。她嫁给这个老公,按她母亲的话来说是"下嫁",她老公是癞蛤蟆吃到了天鹅肉。

我引导她回溯过往的经历,在家庭生活中,有哪些点对她老公产生了很大的刺激和影响。

她很快回溯到一个令老公一辈子都不能忘记的情节。刚结婚的那一年中秋节,两个女儿女婿都去给岳父岳母送祝福。她和老公给岳父岳母送的是农村婆婆家带来的一篮子土鸡蛋和一壶土烧酒,她姐姐和姐夫送的则是两瓶茅台酒和两条中华烟。

她开始没有觉得有什么不好,毕竟姐夫是当官的,自己的老公只是一个小职员,不会去攀比呀啥的。但在吃饭的时候,母亲明显偏爱姐夫,总是往他碗里夹菜。她偷偷地发现,老公的脸涨得通红通红,只好自我解嘲地说:"今天天气好热!"

饭局快结束的时候,母亲从厨房出来,问道:"有谁要添饭的?"姐夫把碗递过去,很快,母亲就给他添回了满满的一碗饭。这时，老公也将碗递向母亲，说道："我也添一碗。"谁知，母亲回复道："自己去添。"顿时，老公羞愧得掉下眼泪，硬着头皮去添饭。她看着老公将眼泪拌在了饭里，一口一口地咽下。

从那时起，老公经常会对她唠上一句话："走着瞧，我也会有那一天的，让你们仰着头看我！"

二十多年了，她从来没有想起过这件事。此时此刻，她却感到历历在目，母亲的话句句扎心。老公也是从那个时候起，开始钻营讨好，一步一步往上爬。

她回溯到自己与丈夫的争吵，冷战，最后无一不是老公低头。她出生的家庭条件好，父母都是当地的干部，从小就有很重的依赖性和任性。结婚后，便不由自主地使唤丈夫，要丈夫唯命是从。比如：名牌服饰、包包、吃饭请客，无不要显示身份和地位。随着丈夫职位的提升，手中的权力越来越大，她对丈夫的各种要求也随之水涨船高。

丈夫在家里，在岳父岳母家里，始终在追求一种存在感："你看，我这个女婿还不错吧？"

生活的航道已经偏离，直到东窗事发。

她回溯着，掉下了忏悔的眼泪："老公走到今天这一步，我有不可推卸的责任。"

感恩

"老师，我已经不再害怕了。"她一脸地轻松。

"嗯，还有呢？"我要穷追不舍。

"老公的事让我明白了很多，我会好好改自己。"

"嗯，很好。还有呢？"

"我不会有那么多怨,那么多恨了。"

"很好。还有呢?"

"没有了。"

"再想想,是什么契机让你有这样的认识?"

"上吊的保姆。"

"然后呢?"

"难道要我谢她不成?"

"你说呢?"

"除非她上辈子是我妈。"

"谁说不会是呢?"

她带着满脸的疑惑瞪着我,不理解我的步步紧逼。

我引导她深深地吸气,缓缓地吐气。她很快进入到自己的内在,穿越到另一个时空。

她说,她穿越在云端、山涧、平原。好像是在很古老很古老的年代,她独自一人,或行走,或奔跑,或飞跃,没有任何害怕的感觉。

她穿行着,看到了一个茅草屋,屋前有一个大湖,鸡犬之声可闻。

"好熟悉的地方啊!"她停下了脚步,轻声地感叹道。

"了解。继续说出你看到的。"

"湖边有人在洗衣服。"

"嗯,继续。想怎么样?"

"好想看清楚她。"

"当然可以,继续。"

"哇,看清楚了!"

"她是谁？"

"奶妈！"她非常惊喜。

"再走近些，看看她与现实中的谁相像？"

"啊，保姆阿姨！"

她惊叫起来，泪水夺眶而出。她没有想到，现实中的保姆就是她前辈子的奶妈。

她回溯着保姆来到家里，她第一次见到她的情景。

"好面熟啊，好像在哪见过！"已到嘴边的话，被自己咽了下去。她说，她毕竟是保姆，是来家里打工的，怎么可以太亲近？她给这位保姆提出了好多好多要求，保姆都满口答应，没有任何怨言。

她回溯着，满眼都是保姆的身影。保姆已年近六十，看上去比同龄的奶奶们苍老许多。她步履蹒跚，有一条腿好像总是抬不起来，几乎是在地上拖着走。她舍不得买药，农村的人有病啊啥的，几乎都是能扛就扛，能拖就拖。她细心地料理着家里的一切，吃喝拉撒，包括主人的喜怒哀乐。她已经把这里当成了家，却不知道自己的身体早已不堪重负。

她从回溯中醒来，如从梦中醒来一般。

她双手合十，深深地吸了口气，轻轻地自语道："保姆阿姨，奶妈，谢谢您。"

人与人之间，没有无缘无故的相遇，也没有无缘无故的爱恨离愁。所有的相遇，犹如镜子一般，照见自己，觉悟人生。

影子人

她参加了三天的集体疗愈课，非常认真地聆听，做功课。前两天没有任何发言互动，只是默默地流泪。到第三天下午，课程接近尾声的时候，她终于鼓起勇气，主动表达了自己的苦闷。

未及开口，却已是泪如雨下。

她说，她们家有四姊妹，四朵金花，她排行老三。她性格内向，说话声音很小，胆小怕事。家里的重活、累活，基本上都是她做，姊妹们都习惯了将她呼来唤去。她表面上没有反对，可内心里急，不甘心。书没有读几年，就回家种田，帮助爸妈料理家务。现在，她在一个幼儿园里当生活老师。可是，总难以融进团队，总觉得自己是多余的。

她说，她没有同学可交，社会上的朋友也少。她想努力改变，可总觉得使不上力，鼓不出劲。她把自己活成了一个默默无闻的、可有可无的影子人。

究竟是什么原因限制了她的人生？是什么东西卡住了她？疗愈课的同修们也都非常好奇，想洞察背后的真相。

我引导她深深地吸气，缓缓地吐气，将注意力回归到自己的内在。

"把你自己的样子观想在面前，可以吗？"

"嗯。"

"讲出你看到的样子。"

她观想了好一会儿后，说："什么也没有看到。"

"任何一个样子都可以。"

看到她没有回应，我进一步补充道："现在的样子，过去的样子，甚至是小时候的样子，都可以。"

"我还是没有看到自己。"

她快急哭了。

"不要刻意追求自己的一个什么样子，看得到 OK，看不到也 OK。"我安慰着提示她。

她慢慢恢复平静，进入到更深的意识层面。

好一会儿，她说："我看到的全是朦朦胧胧的，像被什么东西包裹着。"

"很好，继续看。你在哪里？周围是什么？"

她在努力地穿越，搜寻，看清。

良久，她哭着说道："我在妈妈的肚子里，被肉肉的东西笼罩着。我呼吸困难，有点喘不过气来。"

她穿越到了胎儿时期。

"了解。继续觉察和感受。"

"我好委屈，好难受。在妈妈的肚子里快五个月了，可是妈妈还不知道怀上了我，还是像以往那样忙里忙外！"

她的身体有些抖动。

"了解，继续。你是安全的。"

"我看到自己是个小肉团。我在拼命地蠕动，挣扎，我总是想方设法让妈妈知道自己。我想喊，却看到自己根本喊不出声。"

我想动,可是自己力量太小,怎么闹腾,妈妈还是不知道。我慢慢感到自己没有了证明的力量。我觉得妈妈根本不爱我,不需要我。我只有逆来顺受,听天由命。"

"理解。继续看着那个小肉团,那个小小的你。尝试着替她喊出:妈妈,你根本需要我!"

她终于替那个未出生的自己喊了出来:"妈妈,你根本需要我!妈妈,你根本需要我!"

她的声音是那么的大,那么具有穿透力。整个教室,不,整个宇宙都感受到了她的存在。

几十年的压抑、不解、不自信、不被认可,原来源自于妈妈怀上自己快五个月了却全然不知。这个小小的生命意识体被卡在那里,任凭她怎么挣扎,都显得微不足道。她从此误解了妈妈,以及周围的世界。她用沉默寡言,默默无闻来回应她所经历的所有人和事。

我引导她观想妈妈,观想妈妈知道怀上了自己。妈妈很惭愧地说:对不起,宝贝,我会好好爱你!

她激动地流着泪。

我继续引导她观想光,观想光去温暖那个小生命,去接纳那个小生命,去与她合一。

结束穿越,她慢慢地睁开眼睛,向四周张望着,仿佛看到了一个全新的世界,有些惊喜地笑了。

我用现代医学常识去解读一些孕妇没有或者很少有妊娠反应的例子。她静静地听着,脸上更加舒展开来。

她说,她像脱下了一个壳一样,感到非常轻松,浑身充满了力量,找到了从未有过的自信。

同学们都有身临其境的感觉，感慨万千。他们纷纷发言：

"老师，刚才在穿越的时候，我感觉就是我在经历一样。我也回到了胎儿时期，穿越了自己的卡点。其实，爸爸妈妈是爱我的，是我误解他们了。"

"老师，我身边就有这样的例子，她们就像影子人，太需要疗愈了！"

"老师，我们公司的老板，家里几个孩子全是女孩，她是老幺。但是她活出来了，真的成了人中凤！"

我们总以为出生才是一个人的开始。其实，在妈妈肚子里的时候，我们就已经感知着周围的世界。爸爸妈妈的喜怒哀乐，深深地影响着我们。只是，这个时期的我们缺乏分辨力，会照单全收，容易受伤。

疗愈，绕不开胎儿时期。

骂着骂着就成真了

她中等个儿,皮肤白净,五官秀气,透着几分中年女性的风情。可她的诉求,与外表有着绝然的反差。她说,工作的单位,好多同事唠叨她,甚至是嫌弃她。说她不会打理,做事不利索,成天都在忙,却没有好结果。用俗话说就是:缺根筋。

她诉说着,泪水涟涟。

"观想在单位里的不开心,让自己难受的事,把它们观想在面前,就像放电影一样。可以吗?"

"可以。"

"都有哪些事,说出来。"

"说我做事磨叽,讲话不经过大脑,说我缺根筋。尤其是骂我蠢猪……"她伤心得无法继续。

"理解。还有哪些人总是爱指责你?埋怨你?"

"我父亲。"

"哦?"

"他生病住院,我去照顾他。他嫌我饭菜没弄好,还指责我不细心,不耐烦。"

"哦,了解。那他平时呢?"

"有太多的指责和谩骂。"

"你做了什么事他骂你？"

"不管做什么事，他都看不顺眼，动不动就指责我，骂我。"

"骂你什么？"

"骂我蠢猪。"

"理解。重复地说'真是个蠢猪'，允许身体有任何感受。"

"真是个蠢猪，真是个蠢猪，真是个蠢猪……"

她非常认真地说着，语速越来越快。

"在说的过程中，如果有哪些事情或者场景出现，请说出来。"

"我看到我大概四、五岁的时候。我被别的小孩欺负，哭着跑回家，却被父亲骂我蠢猪，被别人欺负。"

"了解。继续看着那个小小的自己，想对她说什么？"

"宝贝，别哭。父亲骂你蠢猪，其实只是他的口语，你很聪明，很善良，你是人见人爱的天使！"

"了解。重复'你是人见人爱的天使'这句话，直到你满意为止。"

"你是人见人爱的天使，你是人见人爱的天使。"

她不断地重复着。她说，她看到小时候的自己破涕为笑了，就像小天使一样，到哪儿都招人稀罕。

我引导她继续回溯，去找更深的种子。

她说，她看到了父亲年轻时候的样子，他痛苦得想自杀，他的老婆跑了，不要他了。

原来，父亲和她的母亲是二婚，他的第一个老婆和别人私奔了。在乡下，这是非常丢人的事。他自杀过，被人抢救过来了。后来，他做了上门女婿，娶了她的母亲，但婚姻不幸福。她成了父亲情绪的发泄口，"蠢猪"，成了他的口头禅。

我引导她观想父亲，去读懂，理解父亲。

在光中，她理解和包容了父亲，第一次主动拥抱起父亲。她说，她从来没有感到如此轻松，如此温暖。

语言具有能量。一些不断重复的话语，就像咒语一样，被打上了特别的印记。久而久之，就会在生活中呈现出来。

而那些负面的话语，就需要找到它的源头，拔掉它。

内观

她是职场精英，拼命三郎。受朋友多次举荐，邀请我去给她的团队做咨询。

第一次见面，就在她的办公室。

您皈依了吗

她是雷厉风行的那种人，还没落座，就忙着给我介绍她的办公室。她说，这儿是经过风水大师指点布置的，生财，旺财。她拿起一本杂志，封面人物就是她本人，报道她的先进事迹。她又指了指一个大桌子，上面摆满了各种各样的奖杯，那全是她个人的荣誉。

她低调地说："没办法，我们这个行业唯有业绩才有话语权。我一直以来都有风水大师给我布场，非常灵。朋友多次推荐您，说您是能真落地的，所以，请您来是希望您也给我加持加持。"

我笑了笑，如实地说道："我不看风水，只是引导人们内观自己，离苦得乐。"

"太好了！"她很兴奋，以为内观就是佛教，"我拜了道家师父，但是我去年还是皈依了佛教。"

"哦，很好呀。"

"您皈依佛教了吗？"

"没有。"

"那您究竟是佛家，道家，儒家，还是……？"

"不能说是哪一家吧，咋好咋整。如果非要给个名字，从容易理解的角度来说，那只能说是心理咨询吧。"

"哦，西方心理学那一套。"很显然，她有些失望。

"你要解决的问题是什么？"

"我……"她一时语塞。

"那，你有困惑吗？"

"有，肯定有。压力特别大，都快扛不住了。"

"那是用佛家来解决，还是道家，儒家，心理学，哪一家解决好呢？"

"这个……"她略有所悟，轻轻地点点头。

人们总是习惯于拿一根绳子套住自己，把自己限制在那个自我设置的框框里不能动弹，却忘了自己究竟要什么。

我有神通

她说，她经常冥想，经常参加培训，并给我展示了她的许多参加培训和冥想的照片。她觉得自己有了某种超人的能力，非常神奇。

末了，她望着我，叹了口气，问道："老师，我有一个困惑。"

"哦，什么困惑？"

"我能先知先觉他人，是不是有神通呢？"

"你觉得呢？"

"我觉得有。我可以事先预观客户，让他唯我是从。我的大业务基本上都是这样搞定的。"

"哦，那你还困惑什么？"

"我的灵性发展很快，可是我的身体却跟不上。"

"身体怎么了？"

"受到了很大的伤害。肩膀疼，腰疼，睡不好觉，还有……唉，不便说。"

"那把你的神通用在身体上调理调理啊？"

"这……"

"怎么了？"

"没有效果。"

"神通没效果？"

"我也不知道。"

"深深地吸气，缓缓地吐气。把你的注意力回归到你的身体上，去觉察此时此刻身体的感受。酸、麻、凉、胀、痛，任何一种感受都可以。"

她深深地吸气，吐气，不觉间泪水已浸润她的脸颊，划出道道印痕。

她的神终于回到了自己的身上。

内观自己

"把自己观想在面前。可以吗？"我问。

"可以。"

"把你看到的自己的样子说出来。"

"好的。"

过了一会儿，她闪烁着眼帘，惊讶起来："怎么是这个样子？"

"怎么了？任何样子，任何时候的样子都可以，不要刻意寻找。出现什么就是什么。"

"是结婚以前的样子，二十多年前的样子，太奇怪了。"

"了解。继续说出你看到的样子。"

"她好年轻，扎着辫子，好漂亮。她笑得好开心，真的好开心。"

"很好，注视着这个自己。看着她开心的笑脸，再看着她的眼睛。说出你对她最想说的话。"

"好久好久没有看到你这么开心了，好久好久没有看到你这么开心了……"

她重复着这句话，泪雨滂沱。

一个多小时的交流，她体验到了什么叫回归自己。

她非常好奇地问："老师，这是不是疗愈？"

"你说呢？"

"应该是吧。我现在轻松了好多，从未有过的轻松。"

她伸展着身体，呵呵地笑了。

人们习惯了抓取外在的东西，用身体去换回果实。却忘了，还有更大的果实，在自身，在自己的内在。

虚伪的人

"老师,我有一个朋友,过去我们走得很近,现在我看都不想看她。"

"哦,她怎么了?"

"虚伪,不真实。"

"说具体一点呢?"

"就是满嘴跑火车、口是心非的那种人。嘴上说得非常好,做的完全是另外一回事。"

"哦,了解。那你是什么样的人呢?"

"真实,很实在的那种人。"

"说得具体一点呢?"

"我不爱吹牛,有一说一,有二说二,说的和做的一样。"

"嗯,挺好。假设你周围的人全是你这种实实在在的人,你会感觉怎么样?"

"不可能全是这种人的。"

"我是说假设,你体会一下。"

我让她闭上眼睛,慢慢体会,细细地觉察。

她说:"嗯,好像缺少点什么。"

"缺什么?"

"嗯,缺热闹?缺少生气?缺少……不知道了。"

"你的朋友多吗?"我又问道。

"不多,少数几个知心的。"

"都是些什么类型的?"

"很实在的那种。"

"想更多的朋友吗?静下来问问自己。"

"嗯,想。"

"容易实现吗?"

"不容易。"

"你不喜欢的那个人,她的人缘多吗?"

"多。"

"再体会体会,她有的,不正是你缺的吗?"

"嗯,也是。"

"你越缺还越难得到,对吧?"

"是的。"

"你不喜欢她,直到不想看见她,内心里升起的是一种什么样的情绪?"

她打了个冷噤,略有所悟地说:"嫉妒吗?"

"你觉得呢?"

"好像是。"

"究竟是'是',还是'不是'?不要模棱两可。"

"是。"

"再体会体会,你这种情绪藏得深不深?"

"深。"

"那你真实吗?"

"嗯，不真实。"

她有些醒悟过来，却又不好意思。她转头望了望左右两边，好像怕人知道了一样。

"唉呀，我也虚伪吗？"

"你觉得呢？"

"嗯。"她轻轻地点着头。

"那应该怎么办？"

"知道了，老师。我应该去接纳，而不是拒绝，更不是讨厌。要改的是我呀。"

她望着我，眼睛里透着光，笑了。

压力山大

她确实压力很大,还没有开口说几句,就泪水涟涟。一是生意亏了;二是和老公的关系别扭;三是女儿也不让她省心。

一

"你说压力大,可以具体点吗?"

"生意难做,亏死了。"

"哦,理解。去年是三年疫情中最困难的一年,好多企业不只是亏钱,甚至是倒闭。"

"可我从来就没有赚到钱。"

"哦?你干这行多少年了?"

"十多年了。"

"那亏的钱哪来的?"

"这……"

我们只看到赚钱,却不会盘点赚的钱。总是掩饰赚钱,放大亏钱。好像说出赚到钱了,会被别人抢去似的。

钱是元宝,是宝贝,你却掩盖它,忽视它,甚至欺骗它。它凭什么喜欢你,追着你?

二

"老公给我很大压力。"

"哦,他怎么了?"

"没有要求。"

"没有要求还有压力啊,你咋想的?"

"老公是搞技术的,以前拿点死工资。家里的一切都是我端着,我说了算。可是现在,他出人头地了,房子、车子的钱都是他扛大头。"

"这不挺好吗?"

"可他偏偏说,老婆,赚多赚少别愁,有我呢!你说,我能不愁吗?"

"哦,明白了。你是不服气。"我突然调转话题,"你为什么要结婚?"

"这……"她被问懵了。

"军功章里有男人一半,有女人一半。你都全能了,还要另一半干嘛呢?"

"嗯……"

夫妻之间不是用来 PK(竞赛)的。是彼此扶持,取长补短,共同画好家庭圆满这个圆。

三

"唉,女儿也不省心。"

"怎么了?你女儿多大?"

"十六岁了。"

"哦，过了及笄之年，成年了。"

"可是学习成绩不好。"

"读几年级啊，愁成这样？"

"成绩不好，没有考上高中。没有办法，只能读了一所职业中学。"

"读职中也挺好的呀！能学到真东西。"

"可是文凭就那样啊。"

"那你希望她怎样？"

"我只希望她健康快乐成长。"

"哦？重复一下刚才的话。"

"我只希望她健康快乐成长。"

"真的吗？你说的是真的吗？"

"我是发自肺腑的，做妈妈的都这样想。"

"好的。那我再问你，你女儿多大了？"

"十六岁。"

"她成人了吗？"

"成人了。"

"她身体好吗？"

"好啊，挺好的。"

"那你还担心她的成长，担心她的健康？"

"这……"

"她快乐吗？"

"这……有些不开心。"

"为什么？谁让她不开心？"

"我经常唠叨她，要她好好学习。她很叛逆。"

"哦。"我转过话题,"你上过大学吗?"

"没有,只读了个中专。"

"遗憾没有上大学,是吗?"

"是的。"

"知道你为什么对女儿上职高很不满意了吗?"

"知道了。"

"体会体会,是什么?"

"其实是我自己没有读大学的一种遗憾。"

"那该怎么办?"

"接纳,三百六十行,行行出状元。"

许多父母把自己没有实现的愿望寄托在孩子身上,给孩子很大压力,美其名曰:关心、爱。一旦没有实现这个愿望,最失望的恰恰是父母。

殊不知,孩子是个独立的个体,他有他的思想和追求。孩子不是假以实现父母愿望的工具。

换个想法

"有些人真不知道好歹!"他开始倾诉。

"怎么了?"

"帮了他那么多,一句感谢的话都没有!"

"为什么想着要他谢?"

"不舒服。"

"你既帮了,又不舒服,不是更不舒服了吗?"

"嗯?"他愣了愣,说,"那我该怎么办?"

"换个想法呗。"

"我欠他的,不要他谢了。"

"为什么这样想?"

"平了嘛。"

"这是表面上的。明明你不欠他的,硬要说欠,你会有不舒服,体会一下。"

"是的。我根本就没有欠他的呀。"

"哈哈,这就是你内心的声音。"

"那我该怎么办?"

"你说呢?再换一下。"

"帮了就帮了,管他的。因缘和合,如春风拂柳,自然而然。

哈哈哈……"

他突然开窍了。

当你被一个问题困扰，就尝试着从相反的方向找答案。当你找到三个或者三个以上答案的时候，你会惊讶地发现，原来一切都不是事儿。

你是自己人生的导演

她是那种见着就熟,开口见笑的人。她说,她是被朋友带来的,就只是来坐坐,没有别的需求。并且说,真的没有什么问题要解决的。

当然好,来的都是客。煮茶,喝茶,闲聊,自自然然。

好想出家

"老师,我有个感觉。"茶过一旬,她终于想问些什么。

"哦,什么感觉?"

"我觉得在您这里很安定。感觉特别宁静,特别舒服。"她特地深吸一口气,仿佛老师这儿的空气都是甜的。

"哦,好啊。那以前有什么问题让你不安定?"

"没有啊老师,我能有什么问题?"

"没有好啊。不要拘泥了什么大问题,随性地说一个就好。比如你的一个想法。"

"我想出家。"她很快抛出了她的想法,并解释说,"我很久就有这个想法,打打坐,念念经,那就是我想要的。"

"好啊。真想好了出家吗?"

"想好了呀。只要有好的地方,我立马就去。"

"还真有个好地方。"我拿起手机,显得非常迫切地说,"我的师父那里,山青水秀,绝佳的清凉地,我马上给你联系。"

"这……"

她说,她是第一次被这样问住。

她已经三十七八岁,还没有把自己嫁出去。以前总有人向她提起婚姻的事,给她介绍对象。她都说自己想出家,去做尼姑。那些关心她的人都会非常惊讶,她那么优秀,那么好的条件,为什么想不开要去出家呢?都会耐心地劝导她,安慰她,会给她介绍条件更好的对象。

但结果无一不是不了了之。

她说,她不是择偶条件有多高,实在是找不到感觉。她需要爱,也在寻找爱。每每觉得触手可及,却又总是遥不可及。现在,她对结婚之事已是觉得可有可无,她不知道自己为什么会变成这样。

我让她闭上眼睛,引导她深深地吸气,缓缓地吐气,慢慢地回归到自己的内在。

我要求她不停地对自己说:"别装了,还想装到什么时候?"

她没有照做,仍然笑着说:"没有啊,我没有装啊!"

我说:"了解。我只是要你尝试着说,假装着说'别装了',可以吗?"

她轻轻地点头,尝试着不停地说起来。

刚开始,她的声音较小,缓慢,眼珠子在不停转动。她的脑子强大,岂能被轻易说服。我要她把声音放大,语速放快。慢慢地,她的声音越来越大,语速越来越快。她已经放下了大脑,进入到更深层次的自己。

终于，久违的眼泪冲过堤坝，倾泻而出。她发出了歇斯底里地呼喊：

"我再也不装了！我再也不装了！我真的好累啊！"

不愿做女人

许久，她慢慢平静下来。

我要她觉知自己身体的感受。她说，全身麻麻的，但比刚开始轻松许多。我让她将注意力集中在麻的感觉上，去感知麻的背后更细微的变化，任何一个酸、麻、凉、胀、痛。

她说，小腹隐隐作痛，有点针刺感。

我引导她专注在疼痛点上，并告诉她，这其中有任何思绪、画面出现，都顺其自然，并且要讲出来。

她感受到疼痛加剧，一种很熟悉的剧痛来袭。每个月来月经时候的那种痛，每个月害怕来临，却又不得不经受，无可奈何的那种痛。

她观察着痛，好像医生查看病人。

她说，她眼前浮现了小时候练习芭蕾舞的场景。那时她十一二岁，一个人住在艺校。

她回溯到，她正在练习，隐约感到下腹痛。她没有在意，继续大幅度地练习。突然间，她下身湿了一大块，还有红色的印迹渗透出来。她觉得同学们都看到了，朝着她投来异样的目光。还有的同学偷偷地发出了笑声。

她满脸涨得通红，羞涩难当，马上跑回宿舍。她脱下裤子，一股血腥味扑鼻而来。她看到红色的血迹，粘染了内裤，练功的长裤也被浸染。她非常惊恐，不知所措。

这时，耳边想起了妈妈说过的话："做女人麻烦，每个月来月经，不是痛，就是脏。"

妈妈的话和同学们的笑声交织在一起，令她窒息。她恨不得往地缝里钻进去。

她拿起弄脏了的裤子，狠狠地扔在了垃圾桶，喊道："为什么我是女人？我不想做女人！"

在缺乏正确的引导和特殊的环境下，一个女孩子面对突如其来的"好事"，却做出了绝然相反地决定。讨厌"好事"，不要做女人，这个意念深深地烙印在细胞记忆里。

她重复着这句话，过往的一些经历像电影一样呈现。她看到了每次来月经都疼痛难忍的样子，尤其是需要演出的关键时刻。

她喝着苦苦的药，用尽了能想到的各种方法，但收效甚微。她更加相信妈妈的话，做女人麻烦！

她默默地承受着，也在潜意默化地改变着。她讨厌做女人，害怕来月经。她有着漂亮的外表，说话做事却一派男性。她把自己活成了一个表里不一，特立独行的另类。

我再次引导她深深地吸气，慢慢地吐气，进入到更深的意识层面。

"把你初次来月经时候的样子观想在面前，可以吗？"

"可以。"

"她当时穿着什么衣服？"

"她穿着芭蕾舞服装，全身束缚得紧紧的。"

"她是什么样的表情？"

"看到下身渗透出来的印迹，非常的窘迫。"

"了解。看着她的脸，叫着她的名字，以成熟女人的常识，对她说出你最想说的话。"

"多多，别怕。这是每个女孩子都要经历的，是上天赐给女孩子最神圣的礼物，这也是女孩子的骄傲。"

她的小名叫多多。

"哦，继续看着多多的脸，对多多重复说出刚才的话，直到她明白为止。"

她重复着刚才的话。几分钟后，惊喜地说："我看到多多笑了，她笑得好腼腆，但好开心！她重新开始练习，她跳得真美，真的好美啊！"

她噙着的泪水不再是苦涩的。

她的嘴角上扬，微微蠕动，继续对多多说："多多，咱们重新开始吧，生活原本可以这样过的呀，加油！"

我引导她用能量水冲洗，用能量光温暖。

结束的时候，她红光满面，羞涩欲滴。她深深地吸了口气，惊讶地说："嘿，小腹不痛了！"

多余的孩子

她没有想到，无意中的一次沟通，竟找到了自己二十多年来痛经的根源，也慢慢解开了情路迷茫的锁。她说，她知道自己要什么了，不再装了。她主动预约了老师，希望洞察更深的未知的自己。

我让她闭上眼睛，引导她深深地吸气，缓缓地吐气，进入到自己的内在。

"继续回到小时候的自己，在跳芭蕾舞之前的自己。可以吗？"

"可以。"

"看到多多了吗?她在做什么?"上一次沟通中,知道了她的小名叫多多。

"看到了,好像在发呆。"

"了解。那时候多大?"

"三四岁吧。"

"在什么地方?"

"我们家的院子里。"

"再仔细地看看,周围都有些什么人?"

"没有了,就只有多多一个人。她在等爸爸妈妈,他们都上班去了。"

"了解。继续看着多多,叫着她的小名,只是叫着她的小名,不断重复。可以吗?"

"多多,多多,多多……"

她叫着叫着,开始哽咽。她说:"多多好孤单,好多时候都只有她一个人。"

我引导她往更早的时间点去回溯。很快,她回溯到胎儿期。

她说,她感受到了自己就在妈妈的肚子里,很欣奇地感知着周围的世界。她去挠妈妈的肚皮,她还想转动转动身体,可是好难转动啊。不一会儿,她呼吸紧张起来,快要窒息的样子。她说,她看到了爸爸妈妈在争吵。妈妈说不想要她了,要把她引产下来。爸爸不同意,说不管什么情况都要留下这个孩子。他们争吵得越来越厉害。最后,妈妈哭了,爸爸甩开门,气鼓鼓地走了。

她艰难地回溯着,无奈和无助笼罩着她。她自言自语地说:"怎么不要我了呢?为什么啊?"

我让她回溯的同时,继续感受身体的感受,去接纳每一个不舒服。

她说,她好冷,好孤单。她蜷缩着身体,微微地颤抖着。过了好一会儿,她说,她看到了自己出生时的样子,纤细,瘦弱,皮肤皱皱的。可她的哭声好大,好惨!她看不清爸爸妈妈的面孔,只觉得朦朦胧胧的一片,他们怎么了?

"真不明白,为什么不要我呢?"她在潜意识的状态里,仍然自语着。

我引导她用光去温暖这个小生命,去迎接这个小灵魂。她伸开双臂,作拥抱状,仿佛把那个迷茫的自己拥入怀中,深情地对着那个自己说:"宝贝,回家了。宝贝,我爱你!"

慢慢地,她的身体挺直起来,脸舒展开来,露出了满意的微笑。

当她从回溯中醒来,惊讶怎么会记得自己在妈妈肚子里的情景。我让她向妈妈求证,她真的求证了。妈妈更是惊讶,她描述的情景与实际情况完全相符,并告诉了她更多细节。一个生命从孕育到降生,到成长的经历一一呈现。

原来,爸爸妈妈都在一个很好的单位上班。在怀她的时候,爸妈已经生下了一个哥哥,一个姐姐,家庭非常幸福圆满。一天,妈妈发现自己的肚子好像突然间胖了起来,因为没有妊娠反应,她也就没想到自己怀孕了。她担心是不是生病了,就到医院检查。没想到,医生告诉她怀孕了,还恭喜她。

她哪里高兴得起来?她已经儿女双全了,不准备要孩子了啊!再生,就是多余的。况且,那时计划生育抓得紧,再生一个就是超生。不仅要罚款,夫妻之间还要有一个被开除,那是她想都不敢想的事。

第六章 你是自己人生的导演　　　　　　　　　　　265

面对肚子里的这个不速之客，妈妈决定终止妊娠。可爸爸不同意，他觉得这个小生命悄悄地来到他们身边，没有任何的不适反应，一定是上天安排好的特别礼物。他要妈妈生下孩子，并选择自己被开除。

就这样，她呱呱地降生了，爸爸下岗了。

爸爸特别喜欢这个多出来的孩子，给她取了个好听的名字：多多。爸爸经常会笑着说，多就多呗。

之后一段时间，他们家面临娃多、收入少的状况，生活陷入困境。好在爸爸特别能干，很快找到了做生意的门道，他们家因祸得福，迅速发达起来。

她在六七岁的时候，就被送到艺校专门学习芭蕾舞。她是爸爸心目中最有灵气的孩子，她也成了爸爸最贴心的小棉袄。

可是在她二十多岁，正值青春年华的时候，爸爸突发疾病去世。她失去了最爱她的人，贴心的小棉袄已无处可贴。她始终在寻找爱，寻找一个像她爸爸那样的依靠。可在现实中难以看到那样的身影，她以为世上再也没有爱。

她似乎觉醒了。能够理解妈妈当时的处境，穿越自己不被爱的卡点，也知道了自己一个错位的决定影响到未来的人生。

没有什么比这种觉醒更有意义的事了。她异常兴奋，站起身，情不自禁地跳了一段芭蕾舞，自信，轻盈，优美。

她俏皮地说："感谢老师，好久好久没有这种感觉了。我的人生很精彩，拍成电影，绝对会把导演捧红！"

我微微一笑："谁是你的导演啊？"

她一愣，继而大叫起来："哎呀，我呀！"

她终于彻底醒了。

后 记

谨以此书献给：

我的父亲——他是我的第一个沟通对象。他临终前袒露了自己的心灵之声，得以无挂无碍地安祥离世。

我的母亲——她无数次地呈现各种相，告诉我，孝敬不仅仅是赡养，更需要去读懂父母的内心，去帮助他们，疗愈他们。

我的知心爱人——她懂我，犹如心灵导师。是她时时点化，我才得以回观自己，逐渐了悟。并在她的激励下，走上了心灵疗愈之路。

我的每一个沟通对象——他们的改变，也带来了我的改变。他们贡献了充足的素材，才成就了此书。

每一个渴望心灵更加敞亮的人——他们的觉醒，会让这个世界更加美好，更加充满爱。